U0685533

自珠宝玉石饰品质量监督检验所 主编

翡翠佩戴

·环·珠·牌·镯·链·坠·

主笔　李贞昆
主审　牛　华
顾问　摩　仸
编写　李贞昆　申南玉

云南出版集团公司
云南科技出版社
·昆明·

图片提供

云南省珠宝玉石饰品质量监督检验所
昆明达意商贸有限公司
昆明名瑞珠宝公司　李国伟　谢广圣
昆明情有独钟胡兴珠宝公司　胡明
金麒麟珠宝公司　杨可
北京天俊珠宝公司　王俊懿
昆明摩尔丹珠宝公司　张益民
昆明云宝祥珠宝公司　杨宝林
朱润
申俊

图书在版编目（CIP）数据

翡翠佩戴／李贞昆著；云南科技出版社主编.—昆明：
云南科技出版社，2012.2（重印）
ISBN 978-7-5416-2633-3

Ⅰ.翡... Ⅱ.①李...②云... Ⅲ.玉石—基本知识 Ⅳ.
TS933.21

中国版本图书馆CIP数据核字（2007）第099935号

FEICUI PEIDAI

云南出版集团公司
云南科技出版社出版发行
（昆明市环城西路609号云南新闻出版大楼　邮政编码：650034）
昆明富新春彩色印务有限公司印刷　全国新华书店经销
开本：889mm×1194mm　1/32　印张：7　字数：45千字
2007年7月第1版　2012年2月第5次印刷
印数：20 001～25 000册　定价：36.00元

前　言

　　翡翠莹润而含蓄，没有浮华与轻狂，显示的是深沉与稳定。翡翠刚柔相济，含而不露，天然的质地宛如东方人的优秀品格。翡翠同其它宝玉石一样，代表着我国玉石文化的继承与发展，是当代珠宝审美的集中体现。

　　古往今来，佩戴翡翠表现着富裕、幸运、青春不老，显现着人体美和心灵美。翡翠的美，比财富、荣誉、地位更有光彩。翡翠是高尚、充实和满足的象征。翡翠的美，不仅仅是种水、颜色及雕琢成器后的艺术美，主要是它的人性美——佩戴的整体美。

　　不同人体有不同的选择，决定了翡翠佩戴的多样性。不同性别、年龄、职业、个性、素质、肤色、高矮、胖瘦的饰者，对翡翠的喜爱总是不尽相同，佩戴出的效果也是不尽相同的。人们凭着自己的文化修养、鉴赏能力、审美差异，选择得体的翡翠来解读文明与和

谐，并以个人的完美装饰反映国家和民族的时代风貌。

翡翠佩戴的选择，主体是人而不是翡翠。任何人都要根据自身的形体、服装、环境、身份选择与自己相适宜、相融合的饰品，力求达到完美统一。无论选择传统款式还是现代款式，选择素身还是镶嵌，选择精巧玲珑还是大方别致，选择图案生动雕琢有力还是内容有丰富意义，都是想达到得体，从而突出人的气质与风度，表达翡翠的自然与情趣美。因此，佩戴翡翠要"量体裁衣"，切莫作生硬地摹仿，要选择与自身自然条件、着衣特点、佩戴场合、身份特点相适应的饰品。

如个矮而身壮的人，佩戴直径较小的项珠，不仅不相称，反而显得肥胖。个高而细瘦的人，佩戴大颗粒的翡翠项珠，不仅不协调，反而会突出自身的纤弱与单薄。

服装的搭配，要注重对比与调和，颜色和款式会直接影响着佩戴的反差与形象。一般地说，素雅面料或单色套装，比较适宜佩戴翡翠首饰。如黑色衣裙，佩戴项珠和手镯，能使人显得高贵典雅、风姿出众。再如浅色西服，佩上领带夹和翡翠戒指，能给人潇洒俊逸的美感。反之，花色鲜明的服装，会将翡翠遮掩无光。

场面与环境，任何人都生活在一定的群体之中，佩戴翡翠进行社交时，要把握分寸，要与所处的环境、时令相适宜，否则会损害自己的装饰形象。如参与婚礼时，不宜佩戴太高档的翡翠，以免喧宾夺主。参加葬礼时，翡翠佩戴要素雅清淡，以免犯忌而忽视应有的庄重。

人的身份不可能一生不变，处于高位时，可佩戴珍奇的稀有翡翠，表现荣华与尊严。当处于一般身份时，应佩戴中低档的翡翠，既不失风度，又能方便自如。

总之，翡翠佩戴是一门学问、一种艺术、一套讲究，同时也是一种文化、一种标志，有习俗、有礼仪、有个性。除了体现着各自的个性与追求，但第一位的还是翡翠的美。

人以群分，翠有档次，世人虽有穷富，但人人都可佩戴翡翠，佩戴的不只是价值，更多的是自信和高雅、力量和美丽。俗话说，战时重黄金，平时讲珠宝。现今的和谐社会，正是佩戴翡翠的好时期。"浓妆淡抹总相宜"，佩戴任何档次的翡翠都是美。关键在于你如何选择！

目录

翡翠佩戴

绪论

绪　论

　　我国自改革开放以来，随着人们崇尚玉石文化传统的发展，佩戴翡翠制品已日趋时尚化、大众化、个性化。这是和谐社会的时代标志，是当今人体佩饰的主导潮流。

　　翡翠作为美玉，早在我国东汉王朝就出现过，而真正认识和使用翡翠则是明清两代，尤以清朝达到鼎盛。但是，因翡翠原石进口不多，饰用仅局限于宫廷和富豪阶层，一般人不易得到。而今已是翡翠进入千家万户，各种各样的翡翠饰品比比皆是，翡翠佩饰得到了最大的普及。

　　翡翠是珍贵的玉石。目前地球上只有极少数的几个国家有所出产，而唯一能够利用、达到宝石级的只有缅甸翡翠，其它国家出产的翡翠只能是半利用或不可用。因此，在世界上认识和饰用翡翠的人还不是太多，暂时局限在东方世界，西方人只知道翡翠是玉，并未真翡翠胸针。十片高翠花瓣形翡翠弧面料被设计师精巧的排列在红色宝石花蕊周围，再配以钻石蕊心、梯形钻石径叶，一朵欲放的牡丹花国色天香，佩带象征富贵和官运亨通，展示着珠宝高贵的气质：东方玉石的含蓄、西方宝石的耀眼

正欣赏到翡翠的珍贵性和独特性。翡翠还处于方兴未艾时期，走向世界是翡翠的必然。当翡翠饰物走向世界，也就是东方文化走向了世界。

　　翡翠硬度在玉石当中最大。作为饰品，对人体有很好的养护作用，能保护人体的水分不流失，养容驻颜。翡翠能够抵抗酸碱盐的侵蚀，能够抵抗一定波长的辐射。饰用时经久耐磨，光亮如初。相互碰撞时铿锵有声，清脆悦耳。

　　佩戴翡翠，是爱与美的融合，无论档次高低，从种水、颜色、琢工、形制都有不同的玩赏性，都能体现美

的理念，给人带来愉快。

　　翡翠质地上乘，水灵而温润，颜色丰富多彩，中国古老的玉石雕琢技艺还赋予它丰富的文化内涵，所以翡翠可以体现复杂而又多重的人文属性。温润多彩的翡翠经过人工雕琢，变成文化与自然相融合的艺术作品，装饰着人们的生活，以美好的意境表达事件的寓意与人们

翡翠怀古。（"珠宝达意"珠宝提供）古朴传统的怀古造型充分体现着东方翡翠玉文化内涵和翡翠充满生命力的颜色

的愿望。人们用翡翠装饰自己，无论是炫耀还是祈求，都是生活的美好追求。

讲究是文化品位和审美情趣的表现，是传递个性的自然信息。人们以讲究的人格风范，展现自己的内心世界和自我完善的精神面貌。讲究是审美的直觉判断，受社会、文化、阶层、地区及风俗的影响，并因人而异不断变化和发展。如讲究淡雅、讲究华丽、讲究朴实、讲究古典、讲究含蓄、讲究浪漫……总之，人们总是在不断地推陈出新，以新的探索讲究新的精美。随着历史进程的不断演绎，不同民族的佩饰讲究，不同风格流派的

展现，形成了我国丰富多彩的装饰文化。

　　我国数万年前的山顶洞人，并不懂得讲究什么，但能用细小的藤条，把兽牙穿挂在自己的胸前，显示原始粗犷的雄健形象，表现他们的勇敢强悍和对图腾的崇拜。装饰是塑造精神形象的手段，而讲究则是起着画龙点睛的重要推动作用。

　　在封建社会里，作为统治者的帝王将相，他们讲究以佩戴象征性的装饰来表现权力和地位；依附于他们的嫔妃和宫人，也讲究佩戴相应的饰品来显示他们尊贵的等级；富豪人家也上行下效，讲究佩戴珠宝饰品显露他们的荣耀。一定的讲究风气形成了礼俗的传递，成为文化指向的社会影响力。

讲究，是物质与精神的完美统一，是文明社会的象征，没有讲究就没有物质与精神的升华。不同的追求不同的审美意识，总是以不同的讲究来体现完美的形象。长久以来，人们对佩戴的讲究，沿袭了传统意念的图案美，以吉祥喜庆、平安如意、招财进宝、有福有禄、寿比南山等的美好祝愿进一步体现佩戴的完美，表现民族文化执着不变的精神价值。佛家弟子喜爱男戴观音女戴佛；道家偏爱男佩鹤，女戴荷。这些讲究与我国文化传

常见的翡翠套件（耳环、项坠、戒指、手链），丰富的颜色、温润的质地、吉祥的造型，体现出翡翠佩带的贵气

统一脉相承。随着社会的发展，当今的佩戴讲究在风格上有了新的突破，受外来文化的直接影响，设计都比较大胆，不受太多的理念束缚，有的设计讲究的是比较单纯的时尚与满足，如爱的永恒、花李蓓蕾、山水情趣、飞蝶迎春、日月同辉等；有的设计则表达出浓郁的宗教理念，如赤身十字架、耶稣受难等。中西方的文化融合，进而引发了人们的讲究不受服装款式的制约，只为了表现自己的个性与气质、自信与目的、沟通与交流。

　　古往今来，作为饰品的主体，各类材质制成的首饰或装饰品又都有着各自不同的说法。如金是富足和精灵，银是喜气和纯洁，铜是平等和贵重，骨是大智大勇，木是清洁平安，丝是缠绵不断。唯有玉石象征的是人心和人性，佩玉的贴切和高洁，本身就是一种讲究。

翡翠是玉，有着玉文化的延续和发展，其讲究是多方面的。如石种的讲究、底水的讲究、颜色的讲究、图案的讲究、制作的讲究等。

石　种

指的是翡翠的不同类别。种不同，品质就不相同。由于地质环境不同，成因也就不同，化学成分有差异，

玻璃种佛像

物理性质有差异，自然形成了相似或近似的翡翠，哪怕是同一种翡翠，又都存在着好丑与优劣。因为翡翠成因复杂，若从微观看同个体的人一样，几乎没有完全相同的翡翠，正所谓"千种玛瑙万种玉"，说的就是这个道理。一般地说，翡翠的种可以分为老种、嫩种、新种和变种四个类别。这从翡翠块体上容易加以区分。一经琢磨成器后，唯有相互对比才能作出判断，也可以

老坑种佛像

新种

进行仪器检测，需要的是鉴别知识和经验。

　　作为佩戴的讲究，首选应该是老种翡翠，其次可以是嫩种、新种，变种翡翠人多脱离了翡翠是以硬玉为主的概念范畴，只能属于与翡翠相似、共生的玉石品种。老种翡翠的成分稳定，结构致密，韧性强，颜色坚实耐看。嫩种和新种翡翠虽然不如老种，但老种虽好，不宜老得过头，否则就是底木水短，颜色阴而不阳。

底　水

　　底是结构的表现，水是透明度的反映，两者组合不同能产生不相同效果，有的底好水差，有的水好底差。如豆底类的翡翠，多见水好底差；糯化底类的翡翠则是

翡翠佩戴

玻璃种手镯

底好水差。佩饰的讲究，选底要无杂质和斑块，颗粒小结构致密；选水要透明清晰，透明度高。总体说就是温润，温润体现着翡翠的质感和美感。要水中有润，润中有水。不润的翡翠显得呆滞，太水的翡翠没有含蓄，一览无余，显得单调。好的底水配着好的颜色，翡翠的天然魅力才能得到充分展示。下面摘自《玉王翡翠》书中的底水分类表供参考：

翡翠佩戴

14

底水分类表

名称	要求	点评	类别	特征
玻璃底	颗粒结构十分紧密而细腻，玻璃光泽，莹润明亮，透明度50%以上，无缺陷	允许有轻度的白色，为细小的柳，有杂色，不能有邪色。极小的棉能包有体，不能	蛋清底	透如鸡蛋清
			鼻涕底	透如清鼻涕
			绿水底	透如淡绿水
			灰水底	透中显白灰色
			紫水底	透中显淡紫色
白水底	颗粒镶嵌齐整，玻璃光泽，透度40%以上	允许有白色，棉柳微小不能有杂质和包体，不能有邪色	龙石底	半透明，凝重而浑厚
			冰底	半透明，有棱及薄雾
			芙蓉底	半透明，凝重而显蓝色
			油青底	半透明，暗绿而显油性
			晴水底	半透明，空凝而明亮

名称	要求	点评	类别	特征
糯化底	颗粒细糯均匀，玻璃光泽，油脂光泽，30%的透明度	允许有白色和轻度的棉柳，不能有杂质包体	浑水底	浑如糯米水，糯化凝重
			马牙底	细腻圆润，紫白两色
			糯底	糯化均匀而舒展
			藕粉底	混透，似煮熟的藕粉
豆底	纤维状均匀，玻璃光泽，油脂光泽，透明度20%	允许有白色和轻度的棉柳，不能有杂质和包体	细豆底	豆丝细较少而均匀
			中豆底	豆丝纹路适中，略透
			粗豆底	豆丝纹路粗密，略透
稀饭底	乱中有正色，纹丝不零散	允许有白色和轻度、包体	脏底	有黑黄，及杂乱脏点
			乱底	棉纹乱，瑕疵多，裂多
芋头底	有正色，少裂纹	允许有白色和包裹体	石灰底	木中带瓷，粗糙发灰
			猫屎底	干而不透，粗糙发黑

翡翠佩戴

翡翠颜色的讲究

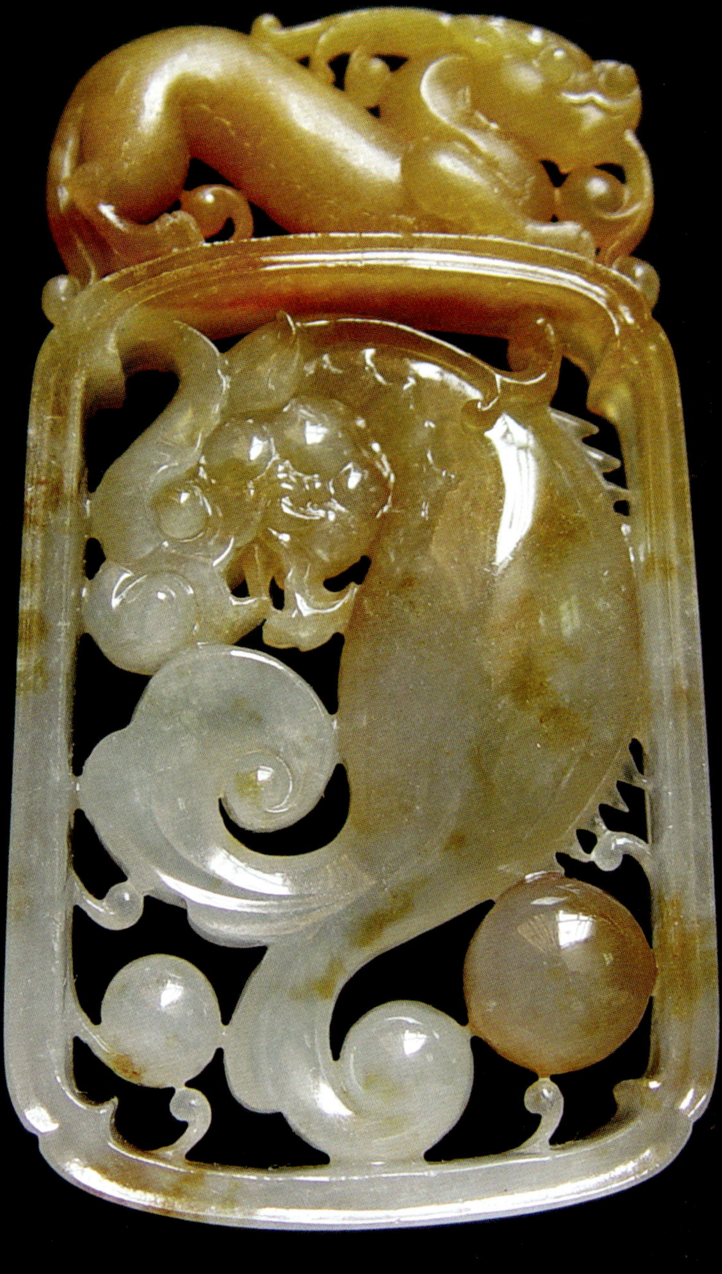

翡翠颜色的讲究

翡翠为什么是玉石之首？因为它是玉石品种中颜色最丰富多彩的。从单色颜色来说，有绿（翠）、蓝、青、红（翡）、黄、褐、紫（春）、白、灰、黑；不同的单色有不同的深浅、不同的混合色；在同一件饰品上同时出现几种颜色、几种不同的色形。正是这种特性才能体现出翡翠的珍贵。

绿（翠）色

绿（翠）色是翡翠的代表色，同祖母绿宝石相媲美，有过之而无不及。翠色之美，是生命的含义，能给人最大的满足，能焕发人们无限的激情，是佩戴翡翠的顶级讲究，是讲究的最大满足。绿色是生

翡翠佩戴

命与青春的象征，体现着和平与安宁。凡是佩戴翡翠的人，大都显得朝气勃发，表现着理性的自然讲究。不论任何人群，不论男女老少，任何肤色和服装，不论富贵和清贫，只要佩戴着翡翠，都是珍惜生命、热爱生活的人。他们一般都能心性坚强，信念不移，个性开朗，才思敏捷；有的胸怀大志，不惜重金，以翡翠突出自己的大智大勇和超凡脱俗；有的能够入乡随俗，紧跟时代潮流，在生活中表现得幽默风趣，而对饰物和服装并不很认真，以随和时尚来表现自己的讲究。

　　绿色的表情是宽容大度。若倾向为黄绿色，给人的感觉是单纯和年轻；若倾向蓝绿色，则是秀丽和豁达；灰绿色虽然没有特色，却内含平和与宁静，给人似雾的朦胧感觉。若从配色的角度看，绿色与皮肤白的人特别相配，再配以白衣服或黑衣服，十分协调，能充分显示出富态之感。而黑皮肤、棕色皮肤的人佩带绿色翡翠，也能显现沉静与亲切，有幸福来临、幸运将至的鲜明感觉。

蓝 色

翡翠的蓝色，比较纯净的不多见，其倾向是显青、显蓝绿。翡翠的蓝色象征着成功和顺利、难忘与永恒。主要表情是文静与庄重，凡是成年人几乎都适合佩戴，特别适合中老年人佩带，使人有平稳、谨慎的感觉。蓝色可以作为服装和肤色的互补，起到平衡适中的作用。最宜带黄色、白色、灰色、褐色服装的搭配，给人寓意性的感觉是果敢与沉着，善良与诚实。

年年有余、百年好合油青挂件

白底飘蓝绿花手镯

红 色

翡翠的红色，象征着爱和热，大多倾向黄红色或褐

红翡如意挂件，红色色
彩艳丽，表达着生活红红火
火，事事如意的美好愿望

红色，少有鲜红和血
红色，常在饰品中起
到画龙点睛的作用。
若能与绿色同时在
一起，其效果就大有
改观，价值也就格外
珍贵。无论是何种红
色，依然是一种强烈
的色彩，能够引起人

红色和绿色
融为一体的节节高
挂件，不但红翡绿
翠同时体现出珍
贵，又将竹根的沧
桑、小动物的活
泼、竹枝的苍翠融
为一体

25

们的兴奋和冲动，使人感到力量的存在。佩戴红色翡翠的人，表明了健康向上、活力充沛、热情而有希望。若与蓝色相配，红火的感觉更是分外突出。

黄　色

翡翠的黄色，象征着光辉灿烂，常为蜜黄色或褐色。黄色代表着权力和财富，是一种骄傲的颜色，佩戴黄色翡翠的人，都洋溢着光明与快活，

黄色小牛，勤劳致富，牛市稳发

黄色关公，招财进宝，护财辟邪

表现出智慧与温和。若能与紫色或黑色相互衬托，光亮强度就会显现出一种扩张和希望。不宜与白色或粉红色搭配，会缺乏生气，显得平淡无力。

橙　色

　　翡翠的橙色，实际上是红与黄的混合颜色，是仅次于红色的温暖颜色，给人的感觉是欢快与活泼，象征着丰收与富足、华美与幸福。一般稳重而含蓄的饰者喜欢佩戴橙色翡翠。与白色服装和白皙肤色搭配，是一种恬静和舒适，显得流畅明快。特别是与蓝色搭配，将会产生异常快乐浓厚的视觉效果。忌搭配黑色，会使活泼的橙色变得黯淡。

橙色花牌上两只白色小老鼠
在嬉戏。活泼明快的橙色与温润
透明的白色相搭配，营造出翡翠
饰品的恬静

紫（春）色

翡翠的紫色，其表现的
是神秘和鼓舞。无论是紫红
色或紫蓝色，都不宜深沉和
浓厚，适当的淡化最能显现
清丽和典雅，其优美的晕色
使人感到十分可爱和陶醉。
紫色翡翠象征着高贵和财
富。偏深色的紫花翡翠，比较适合成熟的中年女性，而
浅淡的紫色翡翠最宜少女或年轻女性。对于女性而言，
紫色翡翠的寓意在于暗示忠诚、表明友爱和贞操。

深春色挂件

三彩挂件，白色底子上
同时出现春色、绿色、黄色
三种颜色，颜色分布流畅，
色彩对比强

白　色

　　翡翠的白色，从油亮的奶白到透亮的水白色，层次多样，倾向丰富，是翡翠中常见的基本颜色。从色性看，白色是一种对应色，充满无尽的可能，给人神圣而虚幻的感觉，特别是与黑色在一起时，显得很抽象，超过了任何颜色的深度，两者之间的相配十分引人注目，黑白分明，反差对比很强烈。翡翠的白色与绿色翠色相配，也是最佳的反差衬托，绿白分明，格外醒目。白色最适宜天真可爱的儿童使用，能把孩子们纯净活泼的天性表现得十分完美。也适宜年轻人显示青春纯洁。白色的搭配，最不宜青灰色、棕灰色及浅淡的粉色，其反差效果是孤寂和沉默，甚至是悲哀。

白色糯种镶钻戒指，结构细腻，内部纯净，起光

不同底子、种水、造型的
白色翡翠饰品，显示无尽的佩
带效果

黑　色

　　翡翠的黑色，实际上都是较深的绿色，通过透光照射，就能看得出来。黑色内含的是青色或绿色，其抽象性与白色一样，给人的感觉是神秘和空无，是不可超越的一种虚幻精神。黑色实际上也深富浓厚的表情性，最适宜理智或成熟的人佩戴。如果饰用得当，皮肤白皙的女性会显得格外洁丽，高大结实的人会显得健美和修长，青年女性饰用会显得格外妩媚，更显成熟，魅力动人。但老年饰用黑色翡翠会显得老迈，少女饰用会失去童雅和稚气，体态矮胖的人饰用会失去活泼与朝气，显现拘谨和呆滞。黑色是烈性的，最不宜与蓝色、深绿色、褐色搭配。最理想的搭配是白色，代表着色彩世界的阴极和阳极，主宰着颜色变换，其自身的力量十分厚重。

黑色翡翠饰品，结构细腻，光泽强，
强光下透着油绿色

❀ 灰　色

　　翡翠的灰色，是一种倾向色，介乎于白色与黑色之间、白色与蓝色之间。灰色是一种中性色，依附于其他颜色而产生自己的生命。若与鲜艳的颜色相近，灰色就有温暖的感觉，与冷色相配，就显得平和。灰色对任何色彩的对比与搭配，体现的是一种空无和消失，也就是休止，是最安稳的休息和安宁。

翡翠的颜色，通常是几种颜色集中在一块，有主调，也有不同颜色、色形搭配出的不同效果。基本上是通过反差来表达感情的，通过对比才能显现斑斓夺目，雍容华贵，通过颜色纯度上的对比才能表现含蓄与稳重。总的说来，讲究是选择自己喜欢的颜色来表达自己的真实感情，凭着自己的感觉和验证，想象力和文化修养，避开不贴切的搭配，即便是模仿和学样，也不能离开自身的各种条件。尽管现代讲究没有固定的模式，但也不能过分标新立异，脱离了现代文化的审美习惯。

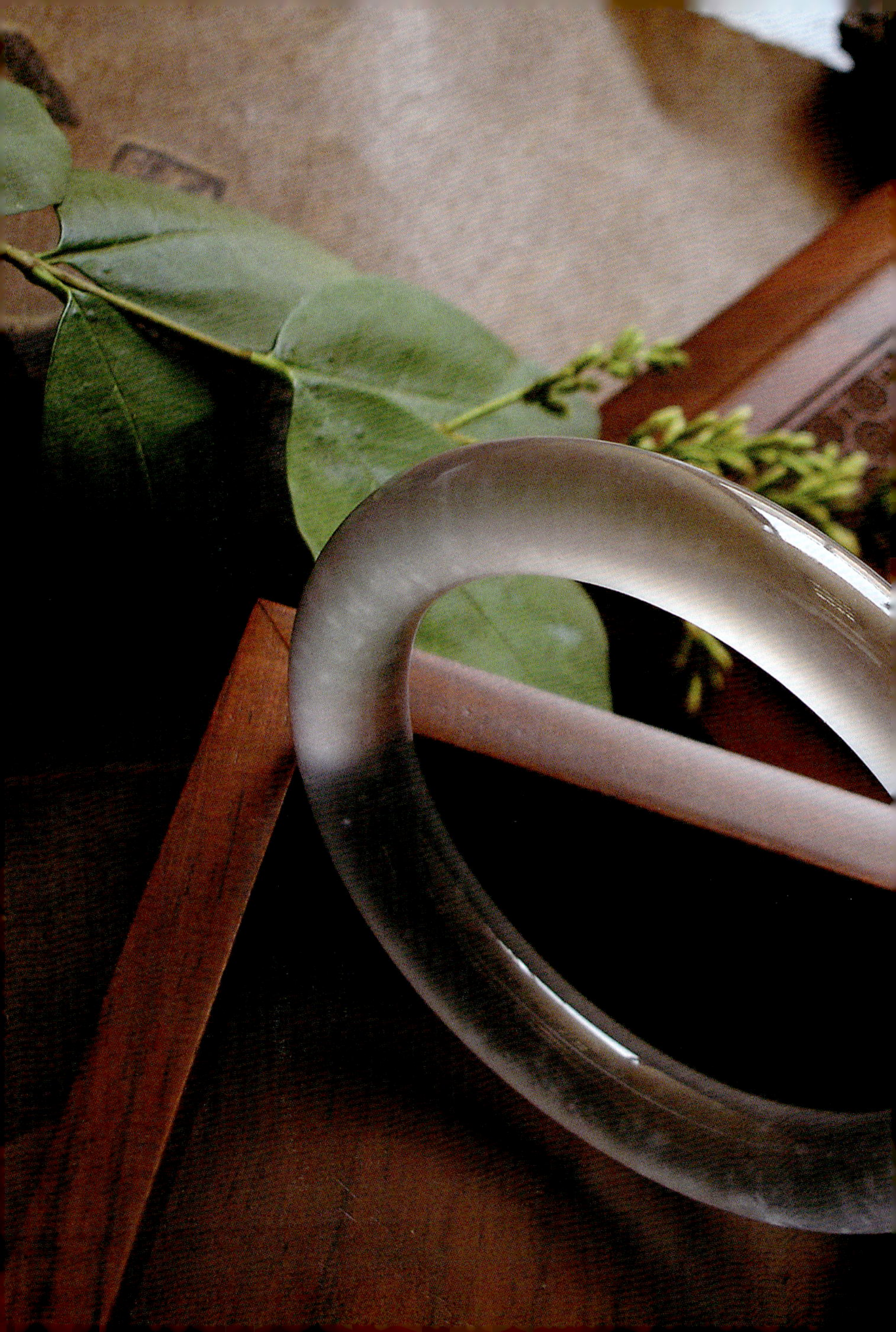

翡翠佩戴的讲究

翡翠佩戴的讲究

选择佩戴有讲究的翡翠饰物，一定要注重有讲究的工艺制作。没有好的雕琢工艺，就不可能有讲究的好作

38

附着水珠的荷叶，寓意年年不断、和和美美；嬉戏的螃蟹寓意着富甲天下。在翠绿和淡黄的料上，颜色的映衬，造型的呼应，展示着丰衣足食，生活的富裕

牡丹花为百花之王，国
色天香，佩带象征富贵和官
运亨通

品。无论翡翠材质的优劣，只要雕琢到位，差的材料也
能出精品。凡是雕琢得好的作品，人们总是赞不绝口，
爱不释手，常用鬼斧神工、精美绝伦来形容好作品的雕
琢技艺。

作品是内容决定形式。而内容又是以故事、情节、
人物、环境来表达一定的主题思想。要想表现有意义的
主题思想，就要选择题材，选择雕琢形式，安排图案的
布局，然后运用有力的刀工来表现。这当中如有任何一

个环节不过硬，所产生的作品就不可能有艺术性，也就不可能有什么讲究。

佩戴翡翠的讲究，主要是对制作工艺的要求。首先是主题思想的选择，无论是寓意还是象征，一定要吻合自己的选择。其次是雕法，无论是圆雕、浮雕、透雕、镂空雕，一定要有条理、有层次、有来龙去脉。再次是图案，有没有内容，表现形式是否恰切；有没有变化和

黄翡龙牌，艳丽的颜色、温润的质地、精巧的设计、流畅的雕工、完美的收藏品统一，构图是否对称均衡；有没有对比与调和，内容和材料是否协调；有没有节奏与韵律，画面是否有条理与反复。随后看刀工，无论是平刀、圆刀、尖刀，是否苍劲有力，明快舒展，是否宽能走马，密不插针。最后看抛光，无论是亮光、柔光、亚光和磨砂，是否有遗漏、孔洞无亮、通体不明等拖泥带水的痕迹。

现在市场上的许多饰品，特别是低档饰品，不同程度地存在刀工不畅、构图不清的普遍现象，致使作品缺乏生动与鲜明，让饰者举棋不定，难以作出选择。

🌀 戒　指

戒指小巧玲珑，男女皆宜，是首饰中常见的主要装饰，戒指的由来已久，传说颇多。

传说一：中古的时候，天竺僧人对弟子管束十分严格，规定了许多清规戒律。弟子们因不习惯而累累犯戒，受到了扎指的惩处。其法是用细藤条分别扎住五个手指，不许乱摸乱动，只能把手立于胸前打坐，口中念着五戒：戒杀、戒盗、戒淫、戒妄、戒酒……弟子们恐忘了戒律又遭惩处，就自行打结、打箍、打套、打环在自己的手指上，逐步由五个到一个，由细条到金属套。成佛之后就不再使用，以素手打坐念经。后来人们觉得僧侣手指上的圆环好看，能保护手指，就模仿佩戴，并

翠色戒指，高档的绿色老坑料，配以传统的螭龙造型、穿插如意云，加之现代精致的镶嵌工艺，将饰品的高贵、霸气演绎得淋漓尽致

逐步改良成了戒指。

　　传说二：在战国时期，有一位父母官爱用手掌打人的嘴巴，多次因此而办错案子。他也明知这样不好，但又改不过来。左思右想，他请工匠做了一个铜环戴在手指上，每当出手打人时，看见了圆环就适可而止，逐渐改掉了随手打人的坏作风，成了一名受人敬重的清官。人们问他这个圆环称什么名目，他思索后说这叫戒止

（戒指）。

　　这两个传说分别是西方传说和东方传说，但未必就是戒指的由来。其实我国早在殷商之时就已经有戒指出现了，大多为妇女使用。随后在汉唐逐渐兴盛起来，由约指改为戒指，一代代流传下来。当时的戒指作用不只是装饰，而是作为标志性的佩戴，让人一看便知戴戒指的人有什么不同，身份、地位、处境和希望都表示得很清楚。

　　关于佩戴戒指，有一些人认为对女性而言戒指具有

约束作用。公开地是装饰的讲究，暗里则是禁止已婚女性不能同丈夫以外的异性乱伦，要女性自律自节，忠贞不二。每当女性来潮时，要亮示手指上的戒指，要求不与丈夫同房。佩戴戒指，分明就是一种无声的暗示，一种看得见的语言。

而现今的戒指，主要体现的是幸福与爱情。特别在情人的恋爱之中，戒指显得尤为重要，既是爱的信物，又是爱的纪念。通过戒指的沟通，恋爱的双方都能升华情感到至上的高度，让男人和女人都能享受到美的存在。人们在婚礼上都要交换戒指，用戒指代表婚姻承诺的开始。

翡翠戒指可以分为两个大类，一类是素身，一类是镶嵌。

素身类

素身类的翡翠戒指是指：不用任何金属作镶嵌，直接佩戴在手指上，其形制有扳指、马鞍戒、圆鞍戒、水鞍戒，近些年又出现了多用戒。无论是旧饰或现代制作的素身翡翠戒指，虽有厚薄、宽窄、高矮、大小、档次的一些变化，但仍然保留了古朴实用的基本款式。

扳指古时称之为韘，后来称为扳指，是射箭用以保护拉弦手指的套管，意为百发百中，出师必胜。扳指源于皮套演化而来。我国元朝人最时兴扳指，清代人在朝或在野的富贵人家，都以有扳指为荣，因乾隆皇帝最喜欢扳指，两只手的大拇指都爱戴着扳指把玩，人们自然也就争相效仿了。

扳指最早是有钩和比较宽的一种小圆环演化为斜头形的圆筒，自宋以后就都改为平头形的圆筒，直到清朝以来，扳指就定型了。内径约为2cm，壁厚0.4～0.6cm，高2～4cm。上口为斜坡，下口平整。过去的扳指除玉石制作还有骨质的，上面还刻有阴线花纹或图案。清朝以来的扳指几乎全是素身，突出底水和颜色。现今的珠宝市场扳指已不多见，饰用和把玩的人局限在收藏界和上层的一些文化人，他们比较偏爱旧饰扳指，对现代制作的评价不高。尽管如此，扳指在我国的戒指系列中，仍然占有重要的位置。若服装搭配得体，形体高大、气质彪悍的饰者，大拇指戴着扳指出席一些场所或宴会，将会十分引人注目，古朴庄重的美感令人赞赏。

马鞍戒指其形为宽条圆环，分面和脚两个部分，弧形面肩高出圆条形成一个长方形的戒面，面向为流线型，有宽窄厚薄之分，形状像坐骑上的马鞍头。马鞍戒指的厚薄要适中，太厚戴着显笨，太薄易断裂。

在我国清朝，人们为着纪念骑马打天下的英雄，以饰用马鞍戒面作缅怀，一般都戴在无名指上。当时的翡翠马鞍戒指分为男戒和女戒，成双成对，男戒厚大，女戒窄小。现代人把成对的马鞍戒指做夫妻戒或情侣戒使用，表现一种朴素高雅的民族感情。从现代人的装饰和审美来看，佩戴一枚翡翠马鞍戒指，无论有无绿色，还是有看样的。马鞍戒指有一个特点，就是不挑手形，不挑肤色，人人都可以佩戴。

圆鞍戒实际上是一种指上圆环，与马鞍戒的区别在于没有戒面。其环条内扁外圆，内孔依手指粗细而定，厚薄适中。圆鞍戒的寓意为圆满平安，也是人人都可佩戴的戒指。因没有戒面，也就没有方向，戴在手上十分自如，手背手心都能展示。由于戒指造型简洁明了，佩戴方便，具有坦率而不太认真的性情中人，最宜佩戴圆鞍戒指。

水鞍戒这种戒指近乎马鞍戒和圆鞍戒之间，但有脚有面，不同之处在于戒面矮平，两肩略高于条面。水鞍戒指在旧社会属于唱戏的女子佩戴，常与水袖配套。后来转为青楼女子佩戴，意为水性扬花，被人轻视而自贱，从戒面上表现低人一等。但民间一些勤劳而又大胆泼辣的青年女子，也喜欢佩戴。她们以水鞍戒来表示自己爱风流、爱出风头的性格。现在珠宝市场上比较少见，即便还有人收藏，已是偶尔之间得以观赏，物以稀为贵，价值自然不菲。

多用戒实际上并不是专一的戒指，而是一物多用的一种挂件。多用戒大多有图案、有眼洞，又能挂又能戴。挂在胸前是胸坠，挂在项链上是项坠，扎在手上是戒指，因其细小的孔眼，用一根线就能系在手指上。这类戒指多为一般材质，价值不高，最宜青少年和儿童使用，能玩能戴，表现的是他们活泼好动的心理，对其价值和工艺往往不很注意。

镶嵌类

翡翠戒面石、贵金属架子、钻石或其他珠宝组合在一起，形成图案，用精巧的技术进行抓、包、扎、錾，让其成为一枚完整的戒指。这就是镶嵌戒指。

镶嵌戒指自古有、国外有、国内有，所用金属有纯黄金、K黄金、铂金、K铂金、白银及其它合金。常见的配景宝石有钻石、红宝石、蓝宝石、尖晶石、紫晶石等。另外，还有珍珠。过去镶嵌翡翠戒指，大多使用手工制作，近代则是模子加手工。模子铸框架，手工细打理，无论何种手工，都是珠宝钻石及贵金属作烘托，突出翡翠戒面石的颜色和透光度，使其鲜艳夺目，光彩照人。

镶嵌类的翡翠戒指，形制有蛋面椭圆形、圆形、正方形、长方形、马鞍形、菱形和随意形。其尺寸没有硬性规格，只能因材施艺，越大越好。作为翡翠戒面石，无论是绿色、紫色、红色及白色，颜色要求浓艳纯正，既阳气又有莹光，底水通透而温润。

椭圆形

如果说翡翠蛋面形有标准，一般尺寸为：长1.2～2cm，高0.6～0.8cm，宽1.1～1.3cm。这里说的蛋面形，跟马鞍戒面、手镯条面是一致的，都是弧线形，是人体饰用无障碍的造型。一般的翡翠戒面，不一定要用钻石和铂金镶嵌，若翠色在五分色级以上，就一定要用钻石和铂金镶嵌了。这样镶嵌出来的戒指，翡翠的玻璃光泽与钻石的火头相映生辉，再加上铂金的光泽就显得十分大气，刚柔相济，夺人眼球。

马眼形

顾名思义，此类戒面就像一只水亮的马眼睛。其形不圆不椭，长度两端略尖而似箭头，具有强力穿透的感

翡翠佩戴

觉。比较适中的尺寸为：长2.5～3cm，宽1.2～1.5cm，高0.6～0.7cm。排名仅次于椭圆形，其镶嵌效果可以同椭圆形媲美，同样具有打动人心的超强魅力。

圆形

圆形翡翠戒指的镶嵌要求与椭圆形一样，但圆形的直径不能小于1～1.2cm，高度不能小于0.6～0.7cm。圆形

翡翠戒指较为适合中老年女性佩戴，象征着天圆地方，母性的伟大，希望圆满如意，健康长寿。

正方形

边长不能小于1～1.2cm，厚薄不能小于0.4～0.5cm。透度较高，可磨制成钻石型的阶梯形状，镶嵌效果更佳。这类戒指象征公正无私、一往情深。

长方形

长不能小于1.2～1.5cm，宽不能小于1～1.2cm，厚薄不能小于0.5～0.7cm。颜色浓艳可磨成钻石型的台阶，效果会很好。这类戒指象征事业长久、爱情长久、健康长久。

马鞍形

素身马鞍戒指没有了脚，只取其戒面进行镶嵌，形状似长方形戒指。长方形戒指是直贴在手指上，而马鞍形戒指则是横贴在手指上，两者的饰用款式不一样。镶嵌马鞍形戒指，男女都可饰用，象征着平安通顺、一往直前。

菱形

这类翡翠戒指，不宜小也不宜大，适中即可。可包边，也可不包边，主要决定于自身的水色。若有精工别致的镶嵌，会产生奇妙的效果。此类戒指，象征着智慧与探索，适宜比较内向的男女佩戴。

随意形

为保颜色而取其形，不伦不类，称之为随意形。这类戒面是不受大小规格的限制，可依其生形进行镶嵌，有时能够产生意想不到的独特效果，但终因不成方圆而不能列为重要档次。随意形可以一物多用，做坠做挂都能使用，可做主件也可做配件，只要恰如其分。大凡佩戴随意形戒指的人，大多性格随意，热爱大自然，充满自信，有时大胆而幽默。

佩戴翡翠戒指，无论何种形制和款式，都是一种自信与讲究，并以佩戴的方式传递着各种信息。左手可戴，右手也可戴。可戴一个手指，也可戴五个手指。这样的现象人们常能见到，有时觉得花哨俗气，有时觉得不可理喻。其实这都是各人的心中所爱，其意在于充分表现自我，表示凡事都是重点，没有彼此。如孕妇怀孕一个月戴一枚戒指，怀孕几个月就戴几个戒指。

按照习惯，人们喜欢在左手上佩戴一至两枚翡翠戒指，借以表达向往和希望，以无声的信息传达内心的语言。戒指戴在手指上，手指的生形各有不同，长短不一，粗细胖瘦，指甲和指头更是千奇百态。佩戴时就要作认真选择，不必强求划一。大凡手指短而瘦的人，以

条脚细窄的椭圆形为首选，切忌大而多棱的戒指。手指长而胖的人，选择范围相对较大，可以佩戴各种式样的翡翠戒指。手指粗的人，选择条脚过宽或过窄的戒指，都会使手指显得更粗，所以一定要宽窄适中。

佩戴大拇指，表示尊贵和高傲，寻觅与探索。

佩戴食指，表示寻找配偶或正在选择。

佩戴中指，表示恋爱有主已订婚。

佩戴无名指，表示已结婚，有家庭。

佩戴小拇指，表示单身，不求异性。

这里所介绍的翡翠戒指，都以素身戒面石为主，有雕琢有图案的翡翠戒面，还是可以镶嵌的。在随意形的戒指中，就有许多是有图案的，如鸡心形、双心形、龙凤形、如意形等等。但图案的雕琢，对抛光不利，戒面的光泽不够亮，形成一种缺陷。往往此类有雕琢的戒面石，不是为取俏色而雕琢，就是遮藏裂烂和瑕疵，所以在选择时一定要严加审视。对镶嵌戒指的选择，要细心多看，否则就会购买到蹩脚货，或者不能经久耐用的矇眼货。所以，无论价值的大小，都要反复看、要反复问，不要轻易做出决定，以免后悔终生。

🌸 手 镯

　　我们的原始祖先，在臂上和腿上扎带过皮套或骨套，用以保护赤裸的手足不被刺棘划伤，为后来手镯的出现开了先河。当时的人们，在使用坚硬的玉石挖掘根茎植物，砍杀猛兽的生活中，逐步认识到玉石的实用与

美丽，产生了对玉石的崇拜心理，便把玉石凿成随意形的框套戴在手上，祈求保佑；同时还在框套上刻出图形，以示各个部落不同的图腾。随后人们不断地改进了玉石框套，使其从长变短，从厚变薄，从大变小，最后产生了手镯的雏形，成为识别种族和部落之间的标志，客观上起到了装饰性的作用。这是自然与文化相结合的产物，是人类智慧不断走向发达的体现。随着原始社会的解体，冶炼出了铜镯和金环。玉石手镯也一代代流传到了后世。

如果说，手镯是由远古的奴隶社会演绎而来，是当时锁住俘虏双手的一种刑具，现在看来不能说没有联系与想象。虽然后来被妇女们将其作为装饰，佩戴在自己的手腕上，但仍旧暗含着限制与束缚，在华美的装饰后面，往往是屈辱与磨难。

而今的翡翠手镯，在审美的理念上，被人们赋予了积极美好的含意，其寓意和象征性，反映的是美丽与华贵，成为了一种信物、一种纪念、一种情感的庄重体验。

我国进入春秋战国时期后，帝王将相用玉石制作的礼器祭天，把玉石提升到精神与物质相结合的顶级高度，形成贯穿至今崇尚玉石的审美观念。玉石框套被演绎成了一系列的圆形礼器，从璧、琮、环、瑗到玦，导致了不同形制的玉石手镯应运而生。

　　从出土的古代文物玉器中，像玉琮一样的手镯并非少见，像玉瑗的一样的手镯几乎没有发现过。恰巧现今的玉石手镯同玉瑗极为相似，或许今天的手镯形制是从玉瑗演绎而来，很值得学者们去探求和考证。玉瑗是古代君臣之间相引的玉璧，其形扁平而圆，边窄孔大。有

冰种白色手镯，传统圆环形，条子粗细适中均匀，整体透明温润

的素身，有的刻着图样，内孔能容两人之手。使用时，天子和朝臣同步握着玉瑗，由朝臣牵引，拉着天子上下阶梯，不允许朝臣接触着天子的肌肤，否则就是大不敬。玉瑗的边宽约为3cm，内孔约为12cm，厚约1cm。从历次出土的玉瑗看，规格尺寸虽有出入，但边窄孔大，扁平面圆的形制都是一样的。古人认为天是圆的，故祭天的礼器都是圆形的，圆形象征着天意，圆形也是无限的美丽。今天的圆形手镯，其意义同样是天意与美丽。

手镯不仅我国有佩戴和制作，世界各国也有不同程度的佩戴和制作，这说明了手镯的理念和美感是相通的。我国的手镯因制作工艺讲究、选材上乘，一直都独占鳌头，处于领先地位。我国的玉石手镯一直传承和发展着特有的玉石文化，代表着进步与文明，和谐与团结，古典美与现代美。手镯是我国装饰佩戴中的大件首饰，选材有白玉、青玉、釉玉、玛瑙、黄蜡石、黑曜石等等外，还有黄金、白银、象牙等等，正所谓五彩缤纷，美不胜收。但尤以翡翠材质最为珍贵。翡翠不仅具有其他石种优良的品质，更为突出的是它能集多种颜色于一身，鲜艳迷人，其翠色是祖母绿宝石也不能相提并论的。

现代人佩戴翡翠手镯，尤以女性最为突出，她们以手镯表达自己的内心世界，让自己增添妩媚，亭亭玉立，一生如花似玉。但不是所有女性都能佩戴出惊人的效果，因各人的肤色不同、气质不同、个子的高矮、年龄的大小、身体的胖瘦、手臂的长短、手形的差异、出席场所、周边群体等的千差万别，加之手镯的款式框条、颜色的不同，选择的区别就显得十分重要了。能够

"量体裁衣"、"因材施艺"，就能选到适合自己唯一的手镯，否则将是顾此失彼，甚至是相形见绌，效果往往是适得其反。其实，不必效仿他人，以心里感觉为主，想选什么就选什么，凭着讲究的态势去选择自己喜爱的翡翠手镯，至少也是拥有了翡翠，何须思虑太多。拥有翡翠本身就是一种讲究。

　　一般地说，佩戴翡翠的讲究，可以是款式、琢工、种水、颜色，也可以是心里的秘密，只要起到绿叶衬红花的作用，就是一种最适宜的讲究。若是皮肤圆润白净的人，身体修长，以选尺寸适中的翡翠手镯为好。身体细瘦的人，以选框条偏小的比较适中，决不能过于宽大。太胖和太瘦的人，选戴手镯应以种水为主。其余的讲究，请看绪论之中的讲述。当然，绝对的讲究是抽象的，唯有适当、适中，恰到好处的选择和讲究，才能体现自然美与追求美。最美的应该是人而不是物。

玉琮手镯

　　玉琮手镯这种手镯已经很难见到了，恐怕只有国内外的藏家们有极少的收存。玉琮手镯十分古老，且不适用现代人的装饰所需，故而随着时代的变迁，退出了装饰舞台。但正是这种古老的手镯，演化了当今的时尚手镯，作为古物鉴赏，还是值得人们回味的。玉琮手镯内孔浑圆，圆口平滑，外条为方形，在其上刻有兽面纹或驵琮纹，以驱邪避祸、祈福为主要意念。手镯高矮约为3cm左右，一般都佩戴在下臂与手腕之间。若是大内孔的琮镯就要佩戴在上臂，以显示自身力量的强壮和肌体的健美。

宽边手镯

宽边手镯这也是一种古老款式的手镯，制作年代恐怕比玉璧、玉琮还要早，至少也是同时期的贵族饰

翡翠佩戴

品。宽边手镯造型大方庄重，边宽约为4～5cm，外条为弧状的流线型，上面琢有线条流畅的浮雕图案，条厚约为2cm。内条扁平，内孔直径约4～6cm。这类手镯在当时由王公贵族佩戴，既是礼仪装饰，又是权力地位的象征。近代人很少再用玉石作仿制，而是以其形式加长后，用皮、丝及有弹力的布料，作成腕套、膝套等保护性的用具，虽也有微小的装饰性，但主要还是由体育界的人士使用。

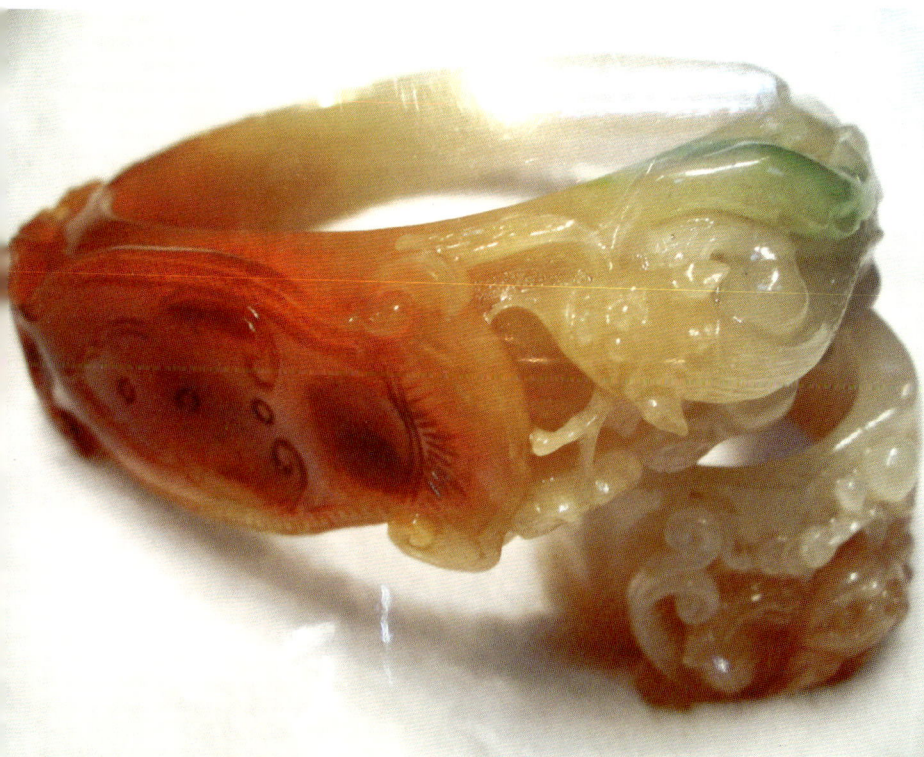

纽丝手镯

　　纽丝手镯此类手镯历代都有制作，因其纹样古老，不适宜现代人的审美喜爱，已逐步减少了，现今只能偶尔见到，大多只在金首饰中出现，玉器里时有发现，只当古董看待了，饰用者几乎没有。现代虽有仿制，数量奇少，且做工软而乱，整体呆滞无力。此类手镯为圆形，丝条相纽相缠，似绳索，也似水波。内孔4～5cm，条径1cm上下。纽丝手镯暗喻恋爱的缠绵，但又都有始无终，反复中难得圆满。

形状是纽丝手镯，
但不是翡翠料

龙凤手镯

　　龙凤手镯在圆条手镯上龙头和凤头相对连接的手镯，通称龙凤手镯。龙凤同体，寓意龙凤呈祥。这类手镯有的在龙身凤体上雕出鳞片和羽毛，有的只有龙头和凤头。有的则以一段绿色和一段红色相对或相接的色状称为龙凤手镯，表现的是象征性或比喻性。一般龙凤手镯的框条都较

为粗大，孔径在50cm以上，圆条都不小于1cm。龙凤手镯作为日常饰用的不太多，一般都作为礼物献给老人祝寿，或者是为新婚夫妇祝愿，有的用于纪念，有的用于收藏。

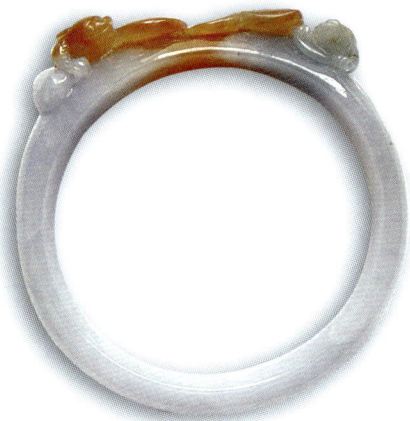

马蹄形手镯

马蹄形手镯形似椭圆，内条平扁，外条流圆，其样像马蹄，所以得名马蹄框，一般叫"扁框椭圆形"。这类手镯寓意马不停蹄，快速成长。人要有龙马精神，决不能马马虎虎。一般腕臂较宽的人，比较适合佩戴马蹄形手镯，手镯不宜滑动，给人稳妥实在的感觉。若手镯质感好，手形肤色好，就能传递一种相得益彰的诚信美。

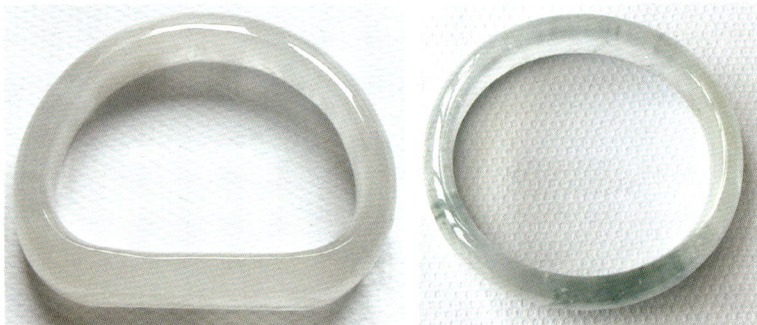

圆条手镯

圆条手镯一般叫"圆环形"，是通常所见的正统手镯，象征着天人合一，日月同辉。寓意人生圆满，一团和气。圆条手镯适宜所有人群，不论男女老少都可以佩戴，有色无色都一样。制作要求，孔正条圆。正看水平面，立看一封书，没有翘棱，没有断裂，光滑圆润。孔径4～6cm，条径0.8～1.2cm。

扁条手镯

扁条手镯一般叫"扁框圆环形"，这类手镯分内扁外扁、内扁外圆两种款式。手镯的孔都是正圆形，直径在3.5～5cm之间，扁条0.5～0.8cm，扁圆条0.8～1cm。寓意性为家庭和睦，出入平安，贫富都欢乐。目前市场上流行的是内扁外圆这一款式，佩戴对象极为普遍，具有大众化和个性化的显著特征。但若要有所讲究，必须针对自身的肤色和手形，内孔宜小不宜大，服装搭配要协调，要能相互衬托，突出饰者的气质和风姿。

膀臂手镯

膀臂手镯顾名思义，这是佩戴在臂膀上的手镯，有圆条形或扁条形两种，直径在6cm以上。凡是饰这类手镯的人，大都显得高不可攀，有钱有势。若是艺术圈内人，一般都有成就，有才华，表现自己的英雄心理和一种得意感。膀镯的佩戴要大小适中，跟自身的体形协调，太瘦或太胖的人很难饰用。

儿童手镯

儿童手镯内孔在3cm以下的翡翠手镯，无论何种款式，都适于儿童佩戴，要求种水清丽，没有杂色杂点，干净爽气。一般条径0.3～0.6cm，太粗显呆，太细显单。儿童佩戴手镯象征金贵，怕其丢失，请神保佑，快长快大。

袈裟扣

袈裟扣不是手镯，却是同类型的圆环，与儿童手镯相

似。此扣主要作为僧人披挂袈裟的固定器，其次还可做吊坠饰物的佩件，用途广泛。

包金手镯

包金手镯包括压丝、包口、接断、套管等多种工艺手段，把有缺陷的翡翠手镯进行修复，使其增添美观，保留饰用。这类手镯大多比较贵重或带有纪念意义，虽然也不多见，但今后仍然会有出现。包金是饰用的一种讲究，金玉同聚一身，象征性很强，戴在手上十分突出。

组合手镯

组合手镯这是现代装饰的一种新款，作为翡翠手镯虽所见不多，但能引人眼目。组合是由两支以上相同颜色或不同颜色并联，佩戴在左手或右手臂上。此类手镯内孔偏大，不论圆条或扁条都显得细窄，一般为青少年女性佩戴，表达自由活泼、洒脱别致，极具个性特征。组合手镯在臂上自如滑动撞击，有悦耳的玉音之声，让人明快而爽意。

俏雕三羊开泰挂件，配以精致的中国结艺，组合成具有古典气息的手镯。"阳"和"羊"同音同调，"三阳"意为春天开始，表示冬去春来，阴消阳长，万物复苏。而"开泰"则表示吉祥亨通，有好运即将降临之意。

除上述多种款式的手镯外，近年来还有许多创新的时尚手镯。有的是硬质材料制作，有的是软质材料制作，它们以镶嵌翡翠或捆扎翡翠组合成环形手镯，代替正统手镯饰用，显得简易而新颖。形状虽然怪异，却能表现饰者的心理。特别是一些青年女性，以软性手镯表现浪漫的情调，天真可爱的纯朴气质；一些明星半明星的年轻女性，以镶嵌翡翠的硬质手镯表现独特的自我，引起更多人的注目，突出了风光一时的广告形象，诱使"粉丝"们也纷纷效仿。

串珠手镯

串珠手镯可称手串或串珠。近些年来，佩戴串珠手镯蔚然成风，不分男女老幼，人手一串，其饰用之势，不亚于手镯和戒指。就其材质和大小，真是五花八门，应有尽有，令人目不暇接。就翡翠串珠而言，中低档次的多常见，珠径从0.3～1cm，珠粒从10多颗至20颗左右。有的与水晶、玛瑙及其他种类的圆珠并联成串，

翡翠佩戴的讲究

大小搭配、颜色搭配，形成了有姿有色、有绿有翠的软性手镯。这类手镯，不论手形的粗细和胖瘦，都能佩戴，珠距松活，能适应人体血液循环的涨缩，比条形手镯舒展，且易戴易退，硬中有软，十分方便自如。

串珠手镯的寓意性，受佛家影响，似乎是僧人胸前的挂珠或手拿的念珠，传递着佛家的理念和教化。讲究的是善待众生，没有邪恶的虔诚心灵。而更多的人则以串珠的光亮和颜色，表现珠圆玉润的美好形象，超凡脱俗的高洁与自尊。

配景的选择

翡翠手镯的颜色生态，自然形成独有的空间景致。

如红白相间、绿白对比、浓淡映照、分布与融合，形成了一定的图案环境，这就是人们所说的配景。无论颜色是点状、线状、块状、片状、条带状及一节节一段段，都有一定的生态，人们通过视觉而产生想象，配景好，想像就完美，对手镯的美好度就有增无减，使其更能表现一定的寓意性和象征性。没有配景，色的环境显得单调贫乏，不能耐人寻味，就不能使人有迷恋和满足，甚至没有自信。所以，对配景的选择要认真，要细心，要有审美意识，要力求完美。

框条的选择

框是对手镯的俗称，条是手镯的圆边，也就是内孔的大小，条径的粗细与扁圆。选择框条不宜过小，过于小了不易戴上手臂，过于大了皮肤与条子间隙显空，虽易戴易退，但没有适合性的美感，肤色、手形及手镯都不协调，就像娃娃穿了大人衣，空而不称，失去了肤色美、手形美、手镯美的佩戴讲究。

档次的选择

翡翠手镯千种百样，价格等等不一。但从分类来看，可以分为三个档次，即高档、中档和低档。三个档次之间，区别在于材质的优劣、颜色的偏正、做工的好坏，相互差距较大。尽管各个档次都有自身的特色，毕竟不能相提并论。所以，价格悬殊是必然的。针对各自对价格的评比，档次之间的选择不必划一，只要情有独钟，真心喜欢，就不要犹疑。依据"可遇不可求"的思路作出选择，三个档次都是翡翠，只要不是假货，宁可买高不买低。

价格的选择

材质好、颜色好、做工好，价格自然就高。"三好"的翡翠手镯，在三个档次中都会存在，高和低是相对的，比较出来的。但现实之中，多为材质好，颜色却不好。颜色好，做工却不尽如人意。有的做工绝伦，颜色和种水又不好。所以，档次之间评价有时也会存在争议。只要凭着自己的喜爱和眼力，就不会买错价位。往往越是低价的翡翠，越是自己最需要的东西。

花牌

花牌，也就是人们通常所说的玉佩，它是我国四大首饰中的一个重要种类，可以挂在胸前，也可以系在腰上，更可以把玩。

花牌的由来十分久远，是由古代的一种礼器演绎而来。这种礼器古人称其为瑁，竖长方形，厚薄大小与现在的正规花牌差不多。上端部有不大的中眼，可系绳带，是天子的专用。"曰瑁者，言德能覆盖天下也。四寸者方，以尊接卑，以小为

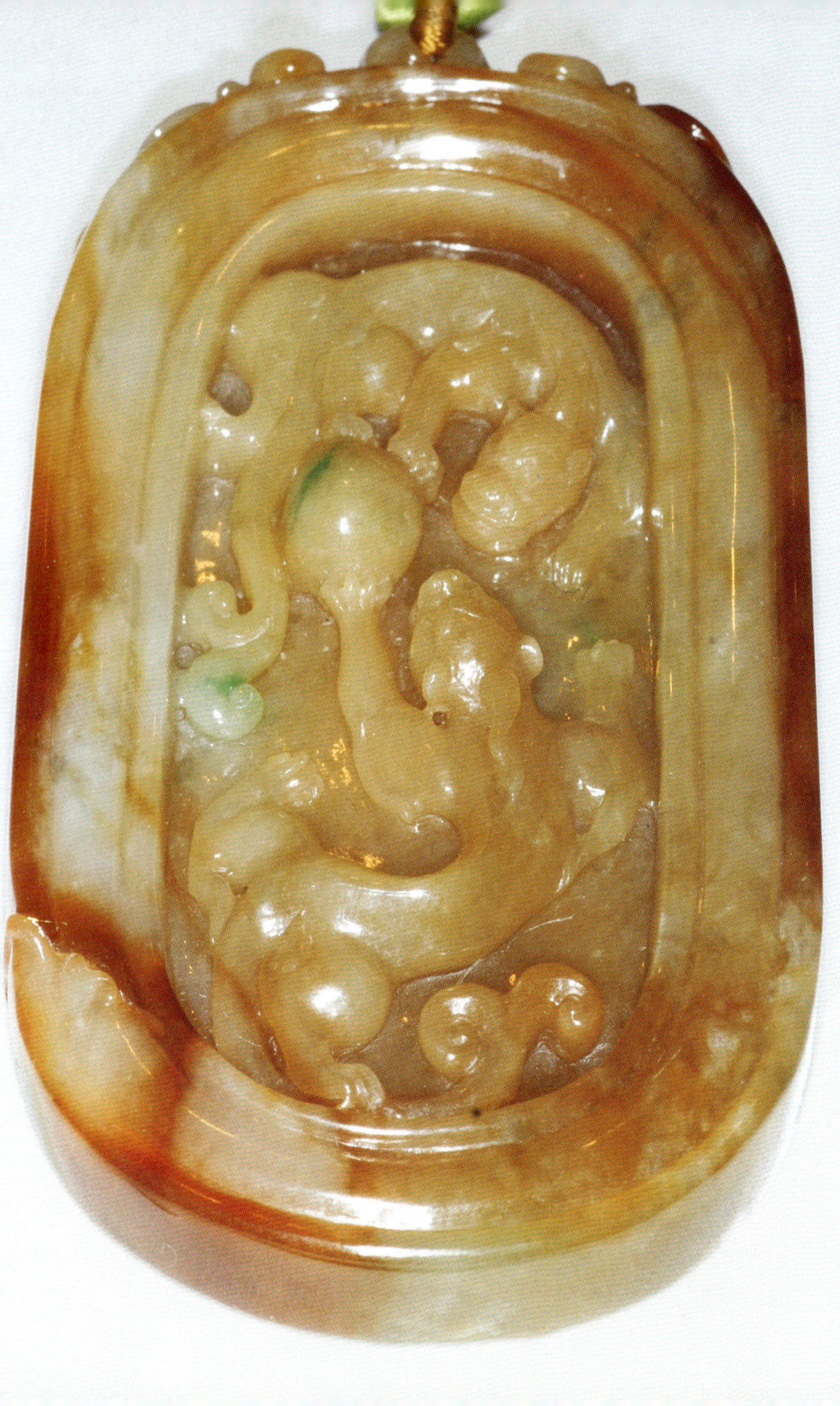

贵"。其用途是诸臣上朝时，执圭晋见天子，天子以瑁碰击朝臣手中的圭板，似是点名打招呼，上下见礼，显示天子的权力与尊贵。

随着朝代的更迭，瑁的用途变为君子的象征，成为一种玉佩，历朝历代都有生产制作。行话称其为花牌，因牌上刻有花纹和图案。花牌有着深厚的民族特色和文化传统，以不同的内容和形式，表现着不同的时代精神。

现代以翡翠材质制作的花牌，款式新颖，内容丰富。图案大多表现山水、花鸟、人物、动物等的传统意境，把国画的平面艺术转为了空间艺术，在构图上赋予现代生活的情趣和个性化的创作，由此形成了翡翠装饰讲究的时尚化和大众化。

花牌要求图案鲜明，形制不宜太大，不需配件就能单独使用。如胸牌，体裁和内容表

现平安吉祥、长命百岁、望子成龙、金童玉女等寓意，多为婴幼儿饰用，寄托父母的祈求和祝愿。青年女性佩戴，以娇美华贵表现自我，突出音乐声感和不可侵犯的威仪。男性佩戴腰牌，显示的是身份和地位，表现着特权。古时士大夫佩戴腰牌，较多的是突出自己的风度和修养；现代人佩戴腰牌，表现的是一种文化心态，以继承先辈的君子风采，追怀高尚的人格，是佩戴的讲究，也是气质的流露。有的人把翡翠花牌作为护身符，祈求辟邪养身。有的作为幸运石，希望自己好运长久，心想事成。

我国自明清以来制作的旧饰花牌，大多采用优质的羊脂玉、白玉、青玉、青白玉、岫玉、松石、东凌石、黄玉、象牙和翡翠。尽管翡翠花牌在当时不普遍，但它的坚硬

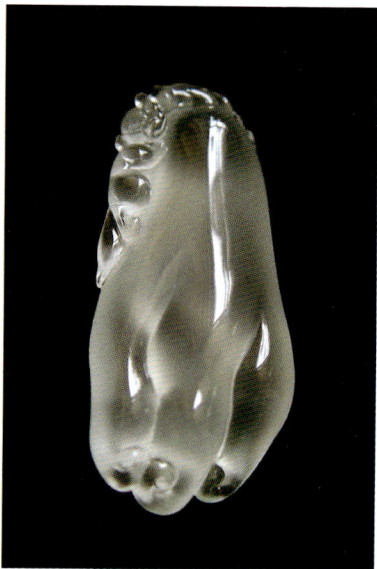

翡翠佩戴

和鲜艳的翠色则是人见人爱，故而被皇室及富豪人家优先享用，一般人可望而不可及。

　　旧饰花牌的形制比较讲究，规格尺寸很严谨。如明朝的陆子冈大师，他雕琢的花牌，不仅技艺卓绝，图案规范，其形制讲究独一无二。大凡见过子冈牌的人，无不为之倾倒，过目难忘。

　　翡翠佛　白色冰底带正翠色，色形自然、流畅，佛造型笑容可掬，肚皮光亮，寓意"福（佛）相伴"，是解脱烦恼的化身——开口便笑，笑天下可笑之人，大肚能容，容天下难容之事

翡
翠
佩
戴
的
讲
究

现今的翡翠花牌，因材质珍贵，技师们不舍浪费，形制也就随意而不太苛求。大多因材施艺，款式多种多样。就珠宝市场上常见的翡翠花牌而言：有方形、正方形、圆形、椭圆、三角形、菱形及随意形。较为罕见的是旧饰中的球体形、开合形、活动形及组合形，这类花牌的工艺制作复杂，虽是以装饰为主，也适于把玩，但容易损坏。如香囊、转心佩等的挂件，现代工匠认为费时费力，

翡翠佩戴

也就少有仿制了。

尽管翡翠花牌款式繁多，基本上可以分为三个系列，即素身花牌、镶嵌花牌、组合花牌。

素身花牌指的是没有任何包扎物的素身花牌，以材质种水、颜色多样、构图和做工见长，既可佩戴又可把玩。一般地说，种水好、颜色好、雕工好、没有裂烂及瑕疵，便是高档花牌。

镶嵌花牌高中档的花牌，可以用铂金或黄金进行包装性的镶嵌，保护花牌不易损坏，衬托颜色和构图，使其更显精美珍贵，价值上升。

组合花牌两件以上配套组合的花牌，可戴、可挂、可开、可合，以工艺制作和技术技巧见长，不需

苟求材质上乘。如旧饰中的玉挎，
要许多块组合在一起，才能成为腰
带。再如玉带环，要以带钩配套，
环上还要挂有玉带板。不难看出，
古人佩戴花牌，突出的是一种讲
究，显耀的是身份和地位。现代人
不必效仿古人，只要佩戴得体，也就是讲究了。

　　花牌所构成的体积，通过雕琢造型，有形象有细
节，人们看得见摸得着。运用圆雕手法制作花牌，一
般不太切合，多以单面、双面、阴阳线条的浮雕手法
刻画纹样。大多形象具有三维空间立体感的，几乎都
运用了高浮雕或深浮雕的技法，有的
运用透雕或镂空雕的技法，力
求产生圆雕效果，使形象
生动活泼，逼真传神。
花牌虽小，构图都有
来龙去脉，在一定程
度上表达着故事情
节，内容以小见大，
深含着四两拨千斤之
力。从而激发人们的
思想感情，体味花牌特
有的艺术魅力。

过去雕琢翡翠花牌，方法古老、工具原始、出活率低，但却是慢工出细活。现代琢玉使用电机加磨头，进度快，效率高，作品却显得缺乏韵味。人们把旧饰花牌称为老工，把现代花牌称作新工。现存的一些老工花牌，大多出自名家之手，构图简洁，形象生动，线条流畅，刀工有力，整体感突出，作品清丽喜人。比较现代新工而言，有些花牌制作粗糙，线条杂乱，整体感差。特别是使用电脑设计，再以超声波进行机械制作的花牌，虽能构图规范，刀工细微，但令人感到只是一件模式，气韵呆滞，没有艺术感染力。由此，要求技师们把握好雕琢原则，不可随心所欲，只有精益求精，才能产生好的作品。雕琢的过程，是不断创新的过程，无论翡翠材质如何，一定要把它的颜色、它的大小、它的构图做出充分利用，绝不能每块都一模一样、千篇一律。千人一面的作品只能是工艺品而不能成为艺术佳作。

翡翠佩戴

90

翡翠是当今最美的玉石，其优良的矿物品质具有超凡的表现能力，是制作花牌最理想的好材料。翡翠讲究种份，它的皮壳、雾层、肉头、颜色都可以单独使用，也可以混合使用，利用率很高。

翡翠之美，不只是它似水的温润，主要是它无与伦比的绿色。翡翠是由矿物集合体所形成，具有多种多样的颜色，不仅奇特迷人，更具有强力的人文属性，所以令人十分钟爱；翡翠的三大绿色，强力活泼，平和舒坦，有表情，有能耐，内涵着各种信息，能使任何人从中找到自己的联想与希望。得到好翡翠的人，总是感到舒畅，感到欢愉和陶醉。

　　翡翠花牌的图案，一定要讲究构图，好的内容要有好的表现形式，有工、有种、有意境才是好花牌。从目前珠宝市

场看，翡翠花牌的图案，大多承袭了传统纹样和形式，喜闻乐见的思想内容，充满喜庆和吉祥，吻合着人们的欣赏习惯，激励着人们热爱自己的生活，憧憬着未来美好的希望。讲究佩戴翡翠花牌的人，都要求内容能贴近自己的寄托和向往，通过花牌的象征性、寓意性、谐音性的图案，使自己获得满足，让生活和事业不断升华。

象征性的构图以具体的纹样表现事物特殊的意义，用象征性的手法突出其特别的内涵。如《龙凤吉祥》这个传统图案，是把传说中的瑞兽和大鸟用以表达喜庆和祥瑞，象征美好的理想。对于结婚男女和夫妇间的和谐，具有赞美和祝愿，其意义显得厚重而高贵。

寓意性的构图这是寄托和含蓄的内在表现，用具体的构图表达深刻的含义，以不同手法表现人和动物，植物的自然生态，使人在美感中进行思考，达到理解图案。如《岁寒三友》，主要构图是梅、竹、松，也有的是石、竹、梅。这三件具体的事物寓意人格和风度。人要虚怀若谷，气节清高。宋代大诗人苏轼曾说："梅寒而秀，竹瘦而寿，石丑而文，是三益之友。"正是如此道理。

谐音性的构图这是很有情趣的字音借用，以谐音引出完全不同的概念。如《富贵有余》，构图是一个女人，身边放有鱼和牡丹，看似十分平常，但仔细一想，便知女人是妇人，妇的谐音是富字，牡丹花开富贵，鱼就是余。这是多么美妙的谐音，令人非常吃惊，不得不佩服前人丰富有趣的想象力。

值得一提的是现代制作的一些图案，尽管构图生动，有意境、有广度，但显得过于直白，缺少底蕴与含蓄，形象过于实在，不能让人产生联想，很难焕发出人的感情。不过，现代题材的许多优秀作品，其创新和大胆的尝试，却流露着对玉石文化的深层探索，现代气息表现十分强烈，仍然值得赞美和认真欣赏。

应该说模仿前人的构图和艺术风格不能说不好，但不能死临死摹，一定要有新的创意。要从中反映时代精神，要体现共性与个性，要有自己独创的风格。

我国自古就有君子佩玉的讲究。当今人们普遍使用翡翠花牌，既时尚又前卫，推进了玉石文化的发展，显示着小康社会、文明社会、和谐社会的崇高精神。

应该说，人们饰用翡翠花牌，无论是胸坠还是腰牌，都体现着各自的个性及独有的人格风范，表现着现代人的喜好、情操与气质，当然也包含着人们的富有和满足。

爱美之心人皆有之，但人各有志，选择和审美的情趣毕竟不相同。人们总是按照自己的信念和意象，寻求喜爱的翡翠花牌。对风格和款式，要求富于变化而有动感，能够表现情绪和时代精

神。传统构图多以寓意性的赞美来表达人的向往，写意性强，装饰性强。现代题材偏重写实，以象征性和抽象性来表达主题，虽能够贴近现代人的思想感情，但图案显得单一，装饰纹样却又显得古老，缺少现代意义上的典型规范。

选择翡翠花牌，要看材质的优劣，其次看它的颜色，看它的构图和细节，看它的加工和章法，看它的意

境和韵律。由于花牌千姿百态，各方面都无可挑剔的毕竟是少数。人们可以从不同的角度，不同的理解，选择自己认为主要和重要的就可以了，不必求全。

应该说，翡翠花牌的基本功能是装饰，是高雅和情趣的象征，当然也可以将其当作护身符，通过自己的第六感官验证它的灵性。一经选定了自己选择的翡翠花牌，就要真心对待，因为翡翠资源越来越少，好技师的制作灵感不可能每块花牌都能有所体现。特别是高档花牌，更是奇货可居，可遇不可求，既能饰用和把玩，又能收藏传世，在任何条件下都有价值的空间。中低档的翡翠挂件，经济实惠，实用又时尚，任何群体都可饰用。

当代人普遍饰用翡翠花牌，无论如何表现，都应该受到尊重，绝不能以档次的高低和价值差别而被小视。佩饰翡翠是高雅的享受，是对玉文化的怀念，崇尚美的理念能冲破一切束缚。人人都喜爱翡翠，人人都有爱美之心，在中国如此，在世界也如此。这就是当今玉石文化的主导流向。

耳饰

　　耳饰是装饰人体耳朵的重要首饰，无论男女老幼都可以佩戴，其作用敏锐而直面，审美验证十分突出。耳饰分素身和镶嵌两个类别。素身指的是打孔或不打孔的耳饰，如不需打孔的黄金耳饰，打孔穿线的珍珠耳坠。常见的素身耳饰有黄金、白银、铝铜、珍珠、翡翠、

晴水豆荚耳环　选择雕琢为豆荚，用豆荚的大光面突出质地细腻透明带油味的晴水料子。晴水料固有的韵味越来越受人们的喜爱。据说寺庙中常以豆角为佳肴，和尚称其为"佛豆"。佛豆寓意着"四季平安，五谷丰登"之意

玛瑙、琥珀、松石等等。镶嵌指的是用贵金属包扎起来佩戴，如钻石和红蓝宝石，打孔易碎，不可素面饰用，镶嵌后效果更好。常见的镶嵌耳饰有钻石、红蓝宝石、祖母绿、翡翠、紫晶、碧玺、锆石、蛋白石及其他半宝石。

翡翠佩戴

古往今来，女性佩戴耳饰是人文的风俗习惯，也是女性装饰美的重要形式。在中国如此，在世界也如此。耳饰不仅使女性丰姿绰约，楚楚动人，同时也是一种象征性的警示。女性应该有自己的尊严，耳朵不可轻听别人的谗言，不能偏听偏信，否则会影响自己的德性，混淆视听的后果是很严重的。为人做事都要眼看耳听，辨明是非，保持自己的主见，做头脑清醒的女人。另外，耳饰对人体健康也大有裨益。人们常说的"耳聪目明"与耳饰是相联的，人的耳朵有毛细血管与视觉神经相通，经常活动耳垂能使眼睛明亮有神，同时保持耳膜的良好听觉。传说在盛唐时期，有一个年轻美丽的姑娘，因患痛风疾病，导致一双大眼睛成为青光瞎，什么也看不见，长期忍受着盲人的痛苦。到了嫁娶的年龄，但无人愿讨一个瞎子做老婆。无奈之下，姑娘的父亲发出愿言：谁能治好女儿的眼睛，就把女儿嫁给他，同时陪嫁白银千两。一时之下，来了不少的郎中，

翡翠佩戴

吃了不少的汤药，姑娘的眼睛依旧看不到一丝亮光。正在绝望之中，来了一位年轻后生，说他能治好姑娘的眼病。姑娘的父亲将信将疑，又无可奈何，就让其进行治疗。小后生先用针灸熏烤姑娘的前脑后脑，再按摩姑娘的双耳，最后用银针扎刺左耳，姑娘的左眼有了亮光；再刺右耳，右眼也见到了亮光。休养数日后，双目复明。不久，姑娘与后生结成秦晋，在婚礼上，后生亲手为姑娘戴上一副耳坠，使姑娘平添美丽，再也不犯眼病。人们佩戴耳饰，要求得到享受与讲究，往往忽略了警示与保证的作用。如果耳饰仅仅只是为了装饰，其文化内涵就显得淡薄，难以受到人们的普遍重视，也就不能从远古流传到今天。

据考古发现，耳饰的来由已有3000多年的历史。

原始部落之间的战争，各方把抓来的俘虏，一律穿耳戴环，不论男女老幼都收作奴隶。穿耳戴环是惩罚，是奴隶标记，也是奴隶主的戒律。以穿耳戴环规定奴隶不得脱逃，不得听人教唆，不得私自取下耳环。奴隶配婚生下的小奴隶，都要穿耳戴环，穿耳戴环已形成了普遍现象，戴环的遗俗一直延续至今。另一些戴环的人迁移到中原，改变了戴环的含义，以戴环表示健壮和美丽。当时的上中层人士，看到男人佩戴耳环很精神，有一种勇敢的阳刚之气。而佩戴耳环的女性显得玲珑诱人，洋溢着柔顺和娇美，十分好看。人们还发现，凡是穿耳戴环的人，不仅体格强壮，到老都有很好的视力。因此，女人们竞相效仿，以耳环价值的高低进行攀比和炫耀；以耳环的材质和款式分出自己的身份和地位。随着社会的不断发展，人们对耳饰的审美越来越高，各种各样的款式应运而生，各种各样的佩戴讲究把装饰美推到了相当的高度。

耳饰的装饰作用不同，造型和款式也就不同。不同脸形、耳形、皮肤、高矮、胖瘦、气质、性格的人，若佩戴耳饰得当，就能增色增光，美丽而显个性，婀娜多姿而显高贵。特别是美丽的女性，佩戴适合的耳饰就能锦上添花，分外妩媚动人。如肤色白净，面目清秀，耳轮明晰，身段匀称的青年女性，佩戴一对翡翠耳坠或一对翡翠耳扣，定将光彩照人，典雅脱俗，华美而独具魅力。再如体胖壮实，脸宽鼻短的中年女性，佩戴吊链的翡翠耳坠，就能平衡美中的不足。

耳 坠

耳坠由挂钩、吊链、坠头三个部分组成，坠头是主体。坠头可为素身、可为镶嵌，坠头材质的优劣决定着耳坠的款式和价值。挂钩和吊链是配搭，起衬托主体的作用。钩的大小、粗细、长短要与吊链吻合，吊链的粗

翡翠佩戴

细、长短、花纹要与坠头的风格一致，不能喧宾夺主，更不能牛头不对马嘴，要浑然一体，密不可分。坠头的造型，可以是素面的滴水形，也可以是雕花的树叶形。翡翠坠头要讲究种水和颜色，做工的规整与精巧，才能使耳坠完美。此类耳坠适宜个高体实、五官端正的女性佩戴，也适宜稳重成熟而有威仪的女性佩戴。

耳 环

　　耳环有挂钩，有吊链，坠头是大小不等，粗细不一的圆条形圆环。圆环是主体，要求种水好、颜色好、做工规整、环形饱满圆放。吊链与圆环衔接管要精确细窄，套管要能让环条自如滑动，不能包死。翡翠制作的耳环，有双联环和三联环两种。两种联环都是起材同一块石料，以精巧的雕琢技巧把翡翠的张力尽其发挥，做成两支或三支扁条或圆条的小圆环，形成两环相扣或三环相扣的耳环。饰用时用挂钩吊在耳垂上，让其自然晃动，相互碰撞发出悦耳的当啷之声。翡翠双联环或三联环适宜大多数女性佩戴。双联环象征着好事成双，情意相联，比翼双飞。三联环象征着好运长久，天地人和。佩戴翡翠三联环的女性给人的感觉是乖巧玲珑，有情有义。佩戴双联环的女性，大多显得精干洒脱、热情有余。

耳铛

耳铛是耳饰的名称，是对耳饰的不同叫法。耳铛的坠头，须以圆珠为主体，穿孔垂吊，能摆动旋转，表现明快喜人、吉庆祥和。佩戴翡翠耳铛的女性，显得精神饱满、容貌可人，大凡心计过人、意志坚定的女性比较喜爱翡翠耳铛。在汉代宫廷中，铛是一种等级的官饰。如宦官侍中、中常侍等官帽上的主要装饰，为了表明他们的身份地位，都以铛示众，以铛明宦。

耳充

耳充同样是对耳饰的不同称谓，其坠头以圆柱状、条柱状、扁柱状为主体，多常见的有青龙抱玉柱、青蛙抱玉柱、竹报平安等的图案或纹样。翡翠用以耳充，最能表现颜色之美，种水之美，其形式令人百看不厌。翡翠耳充最宜高傲的女性佩戴，不论高矮胖瘦、肤色如何，都能表现饰者的独特个性，其感觉是充实、充沛、充裕和满足。有的人是充耳不闻，有的人则是偏听偏信，但都在表现着自身安稳的生活和尊贵的仪表。

上述有吊链的耳坠、耳铛、耳充及素身三联环，都属于长形款式，比较适合圆脸形、宽脸形及方脸形的美女，它能产生鹅蛋形的效果，即使是鹅蛋脸型的人也能饰用，可调节吊链的长短粗细来作平衡。以"耳著明月铛"的形象，表现迷人的风姿。

下面介绍的耳钉、耳扣及耳嵌，大多属于圆形款式，比较适宜瘦长脸形的美人饰用，它能产生丰满端庄的效果，再现古代美女的高贵与典雅。

耳钉

耳钉是一种不用挂钩的耳饰，以螺杆螺帽穿耳饰用。这类耳饰可以紧贴耳垂，也可超出耳垂，可大可小，饰者可依据自己耳轮的形状作出选择。耳钉的立体面上，若是翡翠加钻石，必有一定的图案造型，图案含有一定的寓意性或象征性，饰者可配合其它首饰进行选择。耳钉的图案，是现代时尚设计的宽阔领域，任何一位有才华的设计师都能以此展现身手，尽情表达写实、写意或抽象的理念，让饰者充分表露人格和气质。

耳 扣

耳扣与耳钉不同之处，是拢住、搭住或夹住耳垂，使其牢固地贴紧耳垂。耳钉、耳扣都是镶嵌绝活，以手工制作为主，主体图案要突出，耳扣要精巧，整体线条要流畅，要给人华丽灵巧的美感。若是翡翠耳扣，钻石或宝石只能是陪衬，不能对等，否则会形成主次不分，没有了中心。耳钉、耳扣的装饰效果比较时尚，佩戴方便，档次可高可低，适应性广泛。

耳 嵌

耳嵌我国有许多民族中的男性佩戴耳环和耳坠，表现他们的勇敢彪悍和阳刚英气，其粗犷美和传统美十分突出，给人留有鲜明的印象。近些年来的汉族地区及

国外的一些男性青壮年，也在耳轮上装饰了金属耳圈，从一个到三个或者四个。有的则在耳垂上嵌入一粒小翡翠或小红宝石，就像印度女性的眉心宝石一样，没有镶嵌依托，素身嵌入肉里，干净利索，就像一颗明亮的星星。人们不知道如何称呼这种装饰，笔者思考之余，撰名耳嵌。装饰耳嵌是个性的突出表现，表明人玉一体，其人如玉，风流倜傥，与众不同。

除佩戴耳嵌、耳圈外，还有不少的女性只佩戴一支耳坠，另一支耳朵用长发遮挡，以此衬托俊美迷人的脸盘。这也是个性化的自然表现形式。大多数的女性，都爱以内当家的身份自居，若耳坠戴在左耳，意在让人注重她的左耳，表明敬重丈夫，喜欢与男性交朋友，爱听浑厚粗犷的男人之声。戴在右耳，表示心系母亲、不忘母爱，喜欢与女伴相处，表明自己是个独立而自信的女人。

项 珠

项珠是人体脖颈上的重要装饰，它源自古代官员朝服上的一种装饰项圈。随着官用项圈的流传与演变，民间除沿用金项圈和银项圈外，把圈条改变为圈口相扣的项链。经过不断地提高和改进，项链的款式和结构更加完善，同时派生出珍珠项链、宝石项链、玉石项链及翡翠项链。不同朝代的人们，都喜欢使用各种项链装饰自己，精美动人的项链增添了人们的靓丽与尊严。

法国作家莫泊桑曾写过小说《项链》，书中的女主人公，借了一副项链参加上流舞会，风光一夜却不幸丢了项链，用尽一生经历作了赔偿。尽管项链是假的，但项链的名称和含义是异常的珍贵。俄国大作家列夫·托尔斯泰，在名著《安娜·卡列尼娜》中，着重描写"在那美好的、结实的颈子上围着一串珍珠"。可见，美丽的女人是不能没有项链的。

项链有长有短，长的如朝珠和佛珠，短的形制等等不一。长项链多用玉石及骨和木等制作，

短的除玉石、骨和木外，还有金和银、翡翠、水晶、松
石、珊瑚、岫玉、玛瑙等，有的是单一的材质，有的是
混合材质，所以出现单一色或多种颜色。就翡翠项链而
言，也有素身和镶嵌两个类别。素身指的是弹性软线连
接的圆珠串、条珠串、扁菱串、长片串等的项链。镶嵌
指的是以为翡翠为主体，配上其他颜色的宝石半宝石，
或者不作相配，只用翡翠一种一色连接而成的金属镶嵌
的项链。无论素身或镶嵌的翡翠项链，长短粗细应有节
制。长项链不能过下腹，短项链不能过胸，不能小于脖
颈。珠径大不能超过2cm、小不能少于0.4cm。过于粗大

显得呆笨，太细小显得不中看，适度和得体至为重要。珠与珠之间缝隙要紧凑，不能太空虚。镶嵌的接头要精密，不能残留有粗糙的痕迹，要光亮而华丽。

素身翡翠项链可以一物多用，因连线有弹性，是软丝串联，伸缩性较强，可改用作手串或臂珠，具有多种功能。

翡翠项链的佩戴，其象征性是幸福与满足，高尚与尊崇，最适合成熟女性饰用。大多佩戴翡翠项链的女性，暗喻着"花已有主"，而且是不舍不离，一爱到底。也有的暗示着爱的信息，有缘相遇莫错过，一见钟情是天意。珠圆玉润的美感，吸引着每一个人。

翡翠项链的佩戴，不仅以性感的酥胸和玉臂展现女性的妩媚，更以皮肤和着装的颜色表现人性的完美。如翡翠项链是墨绿色，可穿露肩袒胸的粉红色或淡黄色薄纱裳，因墨绿色具有协调性，能突出粉红色的鲜艳，黄色的醒目，加之白色的肌肤，女性一定显得十分漂亮。最忌与海蓝色、暗绿色、褐色等类的服饰相配，其效果是暗淡无光、杂乱无绪。

翡翠项链是白色，给人清爽洁净的感觉，若是少女可穿白色套装，尽情展现天真无邪的纯净美。成人可着黑色圆领衬衫，外加深色着装，因外白与黑的巧妙组合，自然形成对比分明，华丽中有朴实，轻快中有庄重。白色不宜与浅色类的服装搭配，如粉色、淡灰色、青灰色及褐色，相互对比之下，缺少活泼的美感，使人容易产生孤独与寂寞。

翡翠项链是灰色，多见的灰色介于银白色之间。虽能给人以华美，但显得老沉而少活放，若选用紫色或深色的服装，反衬灰色的明亮，使其突出而产生轻快感。这类项链比较适宜中老年人佩戴。

翡翠项链是紫色，紫色象征着财富与高贵，是一种人人喜爱的颜色。与紫色相配的颜色比较广泛，着装可以是银灰色、白色、淡蓝色、粉红色、淡绿色等。少女或年轻女性以浅淡的紫红色（也就是春花色）着装，同紫色项链形成一体，能够显示温馨和浪漫，让人感到亲切。若是中老年女性，可以搭配较深的紫红色着装，给人沉稳大方、风韵犹存、姿容出众，虽老却不老的美好感觉。

翡翠项链是绿色的，绿色是翡翠的代表色，象征着生命常青，永远向上，平安祥瑞。凡是佩戴绿色项链的人，都能给人恬静、舒适、安宁、平和的感觉。特别是美丽的年轻女性，一副翡翠项链挂在充满的性感的脖颈上，自会楚楚动人，引来不少异性的追逐。与绿色相配的着装，首选应是白色及深绿色，其次可以是灰褐色、棕灰色、草青色、橄榄色。无论是盛夏或隆冬，翡翠与这些颜色相配，所绽放的

翡翠佩戴

是亲和与均衡，一种无声的韵律似在耳边回响。

　　翡翠项链是红色的，翡翠中的红色，少有鲜红、粉红及大红，一般都为暗红、褐红、黄红、棕红，取用装饰的红倾向于玛瑙红。红色的翡翠项链，比较适宜中老年女性佩戴，她们身体健康，体形高大结实，不仅自我感觉轻快自信，还能引人注目，表示重情重义。着装可选黑色和灰色，最相配是浅淡的绿色。

翡翠项链是黄色的，翡翠中的黄色，常与褐红色相混，比较单一的黄色只能是橘黄色和淡黄色。尽管如此，都洋溢着欢快与春意。搭配的着装以浅淡为主，不能有强烈的反差。若黄色比较浓艳，会有富贵与威望的感觉，着装搭配可选鲜红色、翠绿色，以此表现尊贵与大气。

翡翠项链是蓝色的，常见翡翠中的蓝色多为紫蓝或紫红色，海蓝及绿蓝也有出现，但不多。翡翠的蓝色，比较接近深色及黑色，其表情是庄重与安静，含义为成功与幸运，因此多为成年女性喜欢。若与白色着装相配，其效果会产生斯文与真实的感觉。若是淡淡的蓝色，对黄皮肤就会起

到互补的作用，最适宜着装的颜色为白色、灰色，组合得当能衬托出女性的娇美与神气。

翡翠项链的着装搭配，有时须因人而异，依据自己的年龄、体形、胖瘦、肤色、职业、气质、习惯等进行个性化的选择，有时搭配虽不近情理，却会产生意想不到的最佳效果。季节与气候、周边环境、服装款式与

类型，也相应地起着作用，但对应色调的衬托，必须以阳光为主，明亮的阳光，就能使项链与服装的搭配有轻快、爽朗和充盈的感觉。

胸　坠

　　四万年前，我国的山顶洞人狩猎后，把野兽的牙齿挂在胸口上，显示自己的勇敢无畏，祈求神灵的保佑。正是这种图腾的崇拜行为，经历了漫长岁月的陶冶，挂在胸前的兽牙演绎成了后人的美丽装饰。从原始到文明，从粗糙到精细，从骨质材料到黄金白银，再到珠宝玉石，体现了项坠适用和审美的双重价值。胸坠发展到今天，无论材质、图案、做工、理念都已美轮美奂，变化多端。当今的女性朋友，佩戴一件得体的翡翠胸坠，好似锦上添花，美中有美。一般地说，只要材质上乘，做工精巧，选择得体，翡翠项坠都有画龙点睛的微妙作用。都能表现女性的气质和追求。项坠虽小，却包含着一个美丽的世界。

　　佩戴翡翠胸坠，常常因人而异，有明戴和暗戴两种表现方式。所谓明戴，是敞胸露怀，让人注目自己的酥胸，显示的是自信、满足和娇美。暗戴是衣领下的项坠不易被人看见，表现的是含蓄美和谦虚美。大凡此类女性性格内向、成熟而稳

重，往往把自己的美藏在心底里。

　　佩戴翡翠项坠，对女性的胸部有美化或平衡的作用。如一些女性的胸部一平如掌，单瘦而风韵不足，当佩戴大小适中的翡翠项坠后，自会感到充实，人们的注意力就会有所改变，感到女人美就美在项坠上。太胖的人佩戴翡翠项坠，吊链不宜太短，可以适当放长一些，冲淡过于宽厚的胸部。

　　项坠与项链（项珠）的相配，主要看胸部的坚挺与宽窄，有的可用丝制的绳线穿吊，线绳的宽窄与颜色要与项坠相协

调。项珠有的每颗直径一致，有的从小到大，以中珠向两端渐细小。项坠的相配必须适中，珠径一致的，项坠可偏大；两端细小的，项坠不能大，但也不能小于中珠的一半。若是项珠与项坠佩戴在衣服外面，要注意领形。高领，项珠可短也可偏长一些；宽边领形，项珠可长而不可短。

项坠与项珠相配，可以是单独一件，也可以由几件串联，形成图案。现代佩戴项坠的一些女性，用项坠的件头暗喻一定的祝愿。如相连两个项坠比喻好事成双，三个相连的是大姐大，四个相连的是谐事事如意。若是图案，就有象征性或寓意性。

项坠的形制比较随意，可以是素身也可以是镶嵌，可厚可薄，可大可小，无论何种形状必须轮廓分明，有说法有讲究。可以没有纹样或图案，但要色鲜、色阳，要能引人注目。最好的形状是滴水形，其次是杏形、椭圆形、方形、圆形。

项坠与项珠（链）相配，几乎是通常的佩戴习惯，但还要与耳坠、手镯、衣服等形成系统，给人传统与现代的美丽感觉。以此使人通过系统装饰就能看出自己的气质与个性、爱好与追求。

❀ 杂　件

笔者所指的杂件，说的是首饰中的发夹、帽正、管针、领花、胸花、领带针、皮带扣、脚链、包挂、手机链、车挂等装饰。长期以来，这些杂件以翡翠材质制作的不在少数，因装饰变化和时尚选择，有的处于冷门，有的正在发生变化，有的虽仍在使用，但饰者已不多了，不如戒指、手镯、花牌、耳坠四大件能够长盛不衰，普遍受到人们的欢迎和喜爱。这是装饰潮流和文化发展的必然，一个时代总有一定的装饰走向，传统与现实毕竟有差距，现实和适用起着主导的决定作用。

发夹多为镶嵌制件，用以夹住头发的造型，使其不易散乱。古代或近代的妇女经常使用，起着装饰和适用的双重功能。常表现为发簪、发夹。

管针

　　俗称管头针。这是一种管住头发不散乱的装饰，形状偏长似针，约20cm长，宽窄1.5～0.5cm。古人用翡翠制作管针，管住发束，显示庄重和高尚。若外戴帽子，管针就看不见了。女性不像男性只是横用管针，而在管头上吊有金铃，摇动时能发出响声，悦耳动听。另一种管针为圆锥形，有图案，约10～15cm长短，上直径约

1cm，下直径0.3cm，有尖。有的管针用金银包裹下端，管头上有坠饰。这类管针多见插于发髻上，成半圆形或扇形。管针头上有的不用坠饰，而是雕琢了图案，如三星高照、四季平安、五福临门等。饰用此类管针的女性，在山区或少数民族地区，仍能见到。在节日和集会时，佩戴翡翠管针的女性，谈笑风生，表现出自信和欢乐，规整的头饰体现着安宁与和谐。

帽 正

帽正是旧饰中缝制在帽前正中的方形或椭圆形的素身翡翠，有的是平面，有的是蛋面，颜色以绿色多常见。帽正，古时称方石，近代称帽徽，有的镶有底座，有的以边眼穿线固定在帽沿的正上方。帽正的象征是才华和尊贵。在旧时，大凡有身份有成就的男人或女人都喜欢佩戴。当官的人着便装时也常戴帽正，以潇洒脱俗的风度表现自身的清高。官宦人家的中老年妇女，为着显示尊荣的身价，几乎都佩戴帽正。现代人佩戴帽正，实际上是代表徽章及特有的标志。如军人的帽徽、邮递员的徽章。以翡翠制品装饰在帽前或左右边，是个性化的性格展示，以活泼好动的青少年为主体，这是家庭富有的表现。青年女性佩戴翡翠帽正，是英雄气质的表现，有事业心，有顽强不屈的战斗精神。

领 花

翡翠领花以镶嵌为主，素身不多见，构图单一，主石突出，整体造型玲珑精巧。佩戴领花显现的是女性的标致、容貌的美丽，同时表现的是一种领袖人物的风范。领花的佩戴，讲究着装的华美，如果不是高领而是平领或翻领，就不适合佩戴领花。大凡高个而苗条的中青年女性，身着旗袍类的礼服，出席会议或公众活动，领上一枚领花能分外引人注目，整个身形及线条让人一览无遗，大有亭亭玉立、妩媚妖娆而又端庄大气的美感。

胸 花

翡翠胸花以镶嵌为主，素身不多见，可用铂金、黄金、珍珠、钻石相配。图案多变，有主有次。常见的以花朵、花枝、叶片、果实为主体，表现时尚与传统、风俗与潮流。构图单一，以突出翡翠的颜色和造型，充分展示翡翠种水的魅力。胸花宜大不宜小，太小不能体现胸花的平衡作用，装饰效果显得平淡。胸花比较适宜中老年女性佩戴，即显娴熟又显稳重，且不拘着装与形体，只要气度不凡，就能相映生辉，体现典雅与尊贵。

领带针

这是男性着西装系领带的一种高贵装饰，是西服的

配装讲究，除领针外，还有领带夹。领针别在横结上，领带夹夹住下部叠合的领带，使领带不宜散乱，上下都有装饰，有头有尾，相映生辉。

领带上的翡翠多为蛋面素身，用黄金包扎镶嵌后产生形状，如蜘蛛领带针。丰石翡翠为椭圆形蛛身，用三粒珍珠或三粒钻石连在一起作眼睛和嘴，再用金丝做出八只蛛脚，底部加扣或别针。将其别在领带的横结上，人们一看便知饰者是一位领导。因为蜘蛛有网线，任何一方有了来犯者，中心的蜘蛛立刻就能知晓，并立即作出果断的处理。这就是领带针象征性图案的含义。

再如蝙蝠领带夹，主石翡翠为一只浮雕的蝙蝠，黄金包边，底部有夹子，夹在领带上使人一看便知是有福之人。

袖 扣

翡翠袖扣是西服装饰配套的三件头，是男性服装讲究的标志。如果一个富有的男人穿着笔挺的西服套装，领结上饰有翡翠领带针，领带上有翡翠领带夹，袖口上有翡翠袖扣，加之气度不凡，其高雅和伟岸，自会令人产生喜爱和崇敬，显示的是装饰美感的一种力量。

翡翠袖口常见的有圆形、椭圆形、长方形、菱形等，有的用黄金包边，底面有扣；有的素身，底面有眼。分别以两颗一组、三颗一组、四颗一组，缝钉在袖口之上，整齐划一，其水色和光亮，十分引人注目。

皮带扣

翡翠皮带扣是现代男性服装的第四种服饰，可以单

翡翠佩戴

独使用，不必与西服装饰配套。现代皮带扣，不同于古代的带钩或腰扣，它是镶嵌在裤带扣上的装饰。大体上有长方形、正方形、圆形、椭圆形、菱形、三角形，颜色可以是翡翠中的任何一种，可以有图案，也可以是素身。皮带扣可以同花牌配套，正中是椭圆形带扣，左右两边挂上花牌，形成对称与呼应，讲究的是古色古韵，表现对我国古代玉器的怀念与尊崇。

脚链

脚链本是一种羁绊，拴住人或动物的双脚，使其不能乱走乱动，更不能远走高飞，意在禁锢。人们把脚链用作装饰，最先是用在儿童的脚上。因父母心疼自己的儿女，怕小孩不易教养，用脚链或脚环套住，意在祈求神灵保佑，希望孩子无病无灾、平安成长，永远不离父母亲人。脚链（环）套在脚上，幼儿的腿脚被衬托得很美，使一些年轻女性也暗作效仿，意在表示对家庭和婚姻坚定不移，决不离开自己的丈夫和亲人。现代女性饰用脚

链或脚环，显示自己出众的美腿，表明自己身份并非一般，是对爱情忠贞无二的可靠之人。脚链佩戴在左脚，表明对男人有所寄托，佩戴在右脚暗示自己是一个独立的自由人。

翡翠脚链的款式，没有一定形制，常常是因人而异，按各人的喜好作出选择。翡翠串珠作脚链，珠径为0.3～0.5cm，可大小混串，也可大小一致。讲究的是珠串的种水上乘，做工圆放，没有裂烂。也可以同其他有色的半宝石混合串联，用有弹性的丝织绳线分段串联，或用黄金白银制成链条串联，可以形似花朵和枝叶，可以搭配精巧细小的坠子和响铃，实用又精美。

翡翠佩戴

除上述的各种翡翠首饰外，还有鼻花、鼻夹、眉心坠、顶珠、发束、包挂、手机链、车挂等等的装饰，因不适用现代生活的需要，已经很少饰用或者做了改装。但作为首饰，曾美化了人体，创造了丰富多彩的玉石文化，提高了人们的精神面貌，所以是永恒的，并不意味着首饰的衰落，它们的存在与过时，仍然代表着幸福愉快、不朽的美丽。

翡翠佩戴

翡翠饰品图案的说法

翡翠饰品图案的说法

翡翠佩戴的讲究，除种水和颜色以外，就是图案和雕工。由此把翡翠原石加工成有形象的工艺饰品或者艺术品，形成多种多样的图案，多种多样的雕琢风格，由佩戴者按照自己的需要任意选择。图案指的是造型与结构，包括色彩和纹样。其内容和形式随着所要表达的寓意性、象征性、谐音性做出取舍，运用写实、写意、夸张、抽象等手法刻画出看得见、摸得着、有表情、有意思的具体形象，以形象来表达人们对美好理想的向往与追求，充满了吉庆与祥和。

图案的具体体现，是由构图来完成的。构图就是

"章法"或
"布局"，是
把人和物的关
系，把个别或
局部的形象组
成一个整体。
这个整体有来
龙去脉，有故
事性，还有形
势感和节奏
感。构图的主
要手段是线
条，线条的勾
勒，要看刀功
是否生动有
力，流畅明
快，能突出佩
戴的讲究。如
果雕刻零乱，
线条无力，就不如直接以翡翠自身的颜色来表现物象和
意境，何须勾勒而破坏了翡翠的天生丽质。因此，雕工
是翡翠饰物的自身讲究，没有好的雕工，就没有佩戴的
讲究。

　　俏色是雕琢者的刻意讲究，意在突出翡翠饰物的珍

贵和技师的创意，选择运用得好，是飞来之笔；处理失当，不能引人注目，反为平淡的颜色。同理，一块翡翠的大小或厚薄，如若不讲究布局设计，充分利用它的自然形色与反差，过分刻意地进行构图，不是巧妙地因材施艺的图案只能是工艺品，而不能成为巧夺天工的艺术品。

古往今来，许多玉石雕琢大师，创造出不少的优秀

作品，题材多样，体裁丰富，几乎应有尽有，集佛家、道家和儒家之精粹，为人们留下了许多不朽的艺术杰作。从图案上大体可以分为七个传统大类。

保佑辟邪类

保佑和辟邪，不只是有宗教和迷信思想的人需要，更是善良和无助人的需要。人人都希望逢凶化吉，凡事都能平安顺利，少些麻烦和遭遇不幸。人们都要避免或驱除邪恶，希望有一种力量能降伏妖魔鬼怪，让人得到保护和帮助。这种力量就是人们自己的信念和寄托。信念与寄托可以通过一定的物质来体现，我们的祖先运用各种图案来表达这种心理愿望。

保佑性的图案较多，诸如《莲台观音》、《如来佛祖》、《笑弥罗汉》、《金鱼》、《老虎》、《五毒符》、《八卦图》等等。而作为装饰性的物件，最有代

翡翠佩戴

表性的则是串珠《十八子》。传说十八子是十八罗汉的化身，有灵气，不仅能消灾辟邪，更能保佑人们平安通达，心想事成。为十八粒圆珠，不能多也不能少，颗粒的直径大小依据饰者的手形而定，不能漏线，以紧密为好。十八子不同于念珠和数珠，念珠和数珠的颗粒有大有小，但最多也只能是一百零八颗，这是佩戴的习俗和说法。

《辟邪》作品，常用的是独角兽为主角。《钟馗打

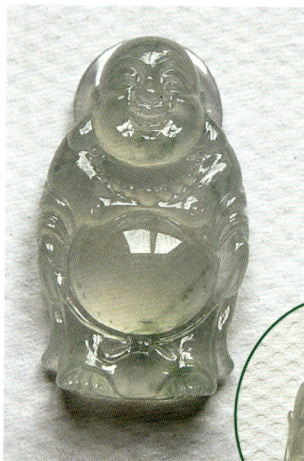

鬼》作品更是辟邪类最具代表性的图案，在众多的钟馗图案中，无论雕琢的表现手法和图案形式，大都刻画出钟馗手持宝剑，环眼圆睁，髯须直立，面貌强悍的形象，表现出力量和威势，震撼力极强。人们佩戴钟馗类饰品会感到安全，同时会有平安纳福的吉庆之感。

★展鸿图类

意为在广大的空间内，施展自己的图谋和志向。如《龙凤呈祥》构图为龙和凤。龙和凤是祥兽瑞鸟，象征性强。男人和女人要像龙凤一样为天下太平，并以龙凤志向使自己成为对人民有好处的英雄人物。《马上封侯》构图有马、有蜜蜂和猴。取其谐音表达尽快升腾之意，希望不断进步，使自己成为时代的巅峰人物。

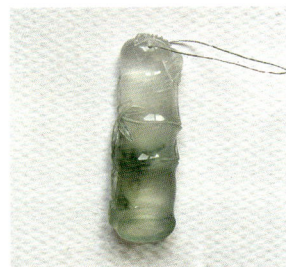

翡翠佩戴

《八仙过海》构图为海上波涛，八位各持法器的男女仙人，姿态各一。八位仙人以自己的道行，成功地渡过波浪滔天的东洋大海，展示了仙人独有的风姿。普通人是否都有绝技，都能在险境中走出低谷，奔向自己的康庄大道，以自身的本领创造出美好的天地呢，这就要看有无鸿鹄之志了。《鲤鱼跳龙门》构图为利于腾空，波涛汹涌，高处有象征性的龙门。意为鲤鱼化龙。传说能够跳过龙门的鲤鱼就能变为蛟龙。这是施展本领的生动比喻。是升华与幸运的向往。有的构图没有表现鲤鱼形象，而是以龙的升腾来表现鱼化为龙的意境。《一品当朝》构图以仙鹤、大海和太阳为主。仙鹤历来被人们视为羽族之长，故而有"一品鸟"的雅称。仙鹤位于潮水之上，眼望太阳，寓意"当朝"。一品大员是人臣之极，权中位高，是施展个人才华的顶极位置。

招财进宝类

意为招引财气进入家门，让全家人发财致富。意在希望或祈求。古言"招财进宝臻佳瑞，合家无虑保安存"。如玉雕中的《猛兽貔貅》取其勇猛生财之意，寓意性极强，不用谐音，直接解读具体形象的内涵。《福在眼前》构图为蝙蝠和有眼的古钱币，以其谐音表达得到钱财的愿望。《富贵有余》中构图为妇人与鳜鱼，取其谐音表达尊贵来自多多的钱财。《吉祥宝瓶》构图为一支或两支无插花的宝瓶，有的有底座，有的没有；有的配景，有的没有。从佛家观点看，宝瓶象征着福智起群，腹中有水而不轻露，广收名利，进而不出，招财护宝。水是财，有财就有宝。若是构图为四友宝瓶，瓶中插有月季花，其意就寓为四季发财和四季平安。《壁钱》构图为蜘蛛从网上往下趴，表示从天而降。古人称蜘蛛为壁钱，因蜘蛛常被画在墙壁上，象征着天赐财

帛。特别是红蜘蛛，更是钱财红火，喜气生辉，财运猛烈。《刘海戏金蟾》构图为刘海人物造型，三脚蟾蜍，古钱币，串钱绳线。图案为刘海戏钓金蟾。金蟾是财富的象征，若能得到金蟾就能发财致富。刘海是传说中的仙人，他能为人造福，因而被称为福神。若福神与金蟾在一起显灵，就象征着财源兴旺，吉祥福瑞，美好不断。《八宝天珠》是手串，只有八颗，不能多也不能少，寓意八仙过海显神通，八面

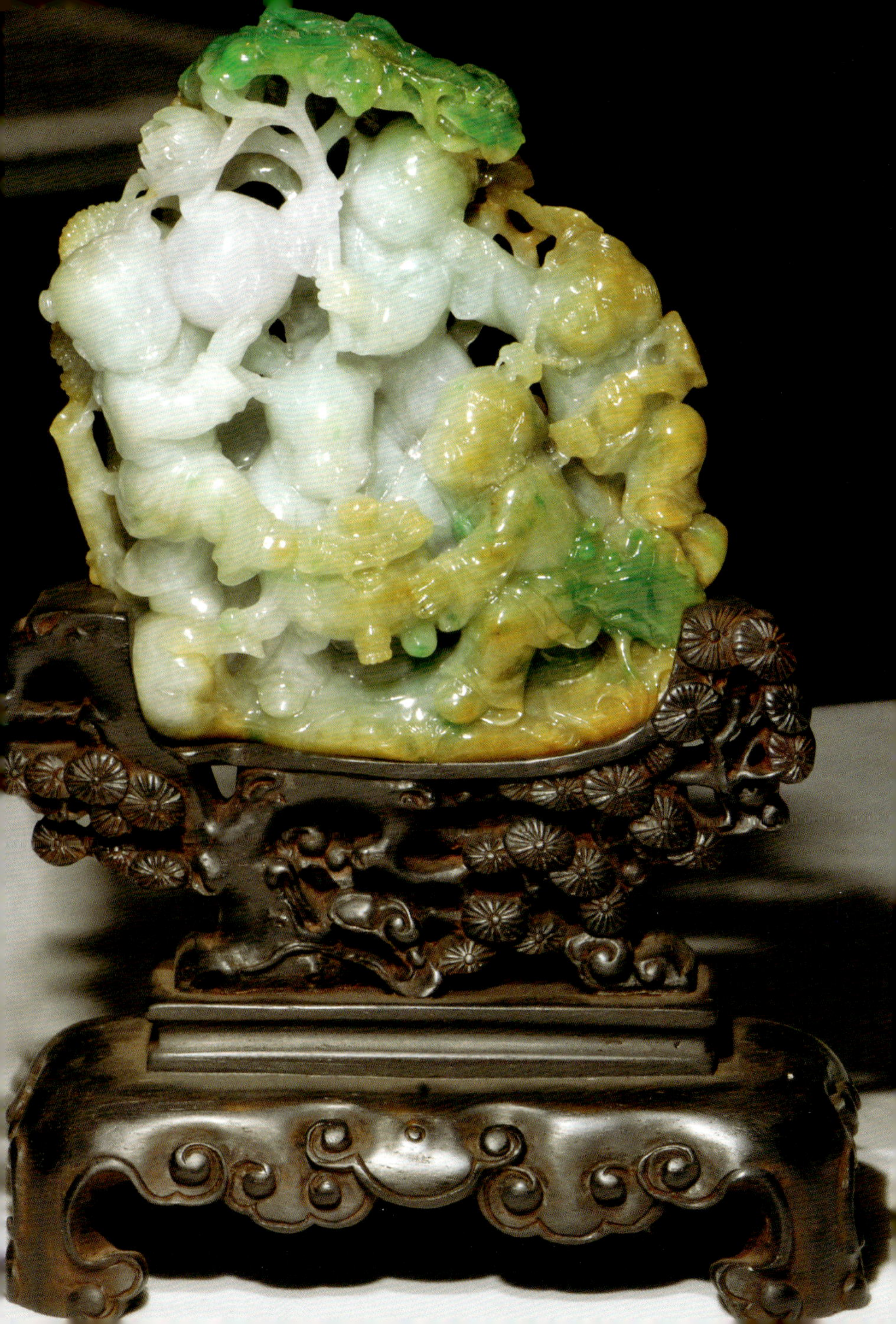

翡翠佩戴

都能招财宝。大海象征财富无限，八的谐音是"发"，人人都有发财的机会。八宝天珠每颗都是腰鼓形，珠身上可雕琢阴线或阳线的各类纹样，也可刻出八位仙人不同的模样。珠的长度和直径应依据不同手形进行比配，用牢固的软线穿联，紧凑而不漏接头。

催财三脚金蟾

一般的蟾蜍是有四只脚的，但现时流行的旺财蟾蜍却只有三只脚。相传在古时，有一名仙人，他的名字是刘海（在古时的八仙。刘海曾占一席位，现在我国流行的八仙有铁拐李、汉钟离、曹国舅、何仙姑、韩湘子、蓝采和、吕洞宾、张果老，已将刘海排出八仙之外）。在那个朝代，妖怪为患，妖怪的形状千奇百怪，而仙人刘海为民除害，收服不少妖精，其中一只心肠不太坏的妖精，被刘海收服打回原形，原来是一只有三只脚的蟾蜍。这只蟾蜍在后来的日子，跟随着刘海伏妖及助人，而刘海喜爱布施金钱给一些贫苦人家，而三脚蟾蜍亦有使人钱财转富的能力，故后人便认为那只三脚蟾蜍为旺财的物品。

貔　貅

貔貅的读音是皮休，又名辟邪、四不像，很多人把"貔貅"误写成"皮貅"。据《山海经》记载"龙生九子，子子不同"，貔貅是龙王的九太子，它的主食是金

银财宝，自然浑身宝气，因此深得玉皇大帝与龙王的宠爱。不过，吃多了要拉肚子。有一天，忍不住而随地便溺，惹玉皇大帝生气了，一巴掌打下去，结果打到屁股，屁眼就被封住了。从此，金银财宝只进不出。

据史书记载皇帝与蚩尤争夺华夏江山，屡次交战而未能胜出，于是派貔貅上阵，一口将蚩尤的头部咬掉，于是蚩尤大败，皇帝得以稳坐华夏江山，于是皇帝封为"帝宝"，专为帝王守护财宝。古人称貔貅为"云师"，寓意攻无不克、战无不胜之意。貔貅最早的出土实物为春秋战国时期。由于它体态勇猛无比，专为主人守护家园。后来，貔貅被雕刻成将军打仗时的兵符分为雌雄两种，将军手握雌貔貅，但不能调兵遣将只是身份的象征，一但发生战争，皇帝派人将雄貔貅送到雌雄合并一起，方能用兵。

后传说貔貅为姜子牙的坐骑，由于它只吃不拉，只进不出，而且身有异香，靠汗液分泌排泄物，许多猛兽想去吃它，结果反被它吃掉，所以姜子牙在封神时候封它为"天赐福禄"。

貔貅曾为古代两种氏族的图腾。又因貔貅喜食猛兽邪灵，故又称"辟邪"。在汉书"西域传"上有一段记载："乌戈山离国有桃拔、狮子、尿牛"。孟康注曰："桃拔，一日符拔，似鹿尾长，独角者称为天鹿，两角者称为辟邪。"辟邪便是貔貅了。

总之，貔貅是一种猛兽，为古代五大瑞兽之一（龙、凤、龟、麒麟、貔貅），被视为招财进宝的祥兽，称为招财神兽。在封建王朝老百姓是不准摆放貔貅的，只是帝王将相才可以拥有而且秘不示人，改革开放之后才流传民间，深得民间各阶层人士的喜爱。民间传说貔貅的习性懒懒地喜欢睡觉，每天最好把它拿起来摸一摸，玩一玩，好象要叫醒它一样，财运就会跟着来，有镇宅、守财、化煞、振家威之用。

　　貔貅有二十六种造型，七七四十九个化身，集动物凶猛为一体，它有龙头、虎嘴、狮身、狼牙、熊腰、豹爪、鹿耳。其口大，肚肥，无肛门，只吃不拉，嘴大能吃，吃尽八方财气，肚大能装，装进万贯钱粮，屁股大稳坐江山，象征揽八方之财，只进不出，同时可以镇宅辟邪，专为主人聚财掌权。古贤认为，命是注定的，但运程可以改变，故民间有"一摸貔貅运程旺盛，再摸貔貅财运滚滚，三摸貔貅平步青云"的美好祝愿。但经过朝代的转变，貔貅的形态比较统一，如有短翼、双角、卷尾、鬃须常与前胸或背脊连在一起，突眼，长獠牙。到现在常见到的貔貅多是独角、长尾巴。

　　貔貅分雌雄两种，先迈左脚为雄，先迈右脚为雌，雄的主权势地位，雌的主财运、吉祥，可保正财、偏财。挂件貔貅不分雌雄，挂脖上可护身、招财、保官、保平安、纳吉祥、顺百事；挂腰间，寓意腰缠万贯、横财在手、辟邪、保出入平安、顺利；挂钱包、背包可锁财、进财、日进斗金。澳门的葡京赌场有两件宝，进门第一宝是一对铁公鸡，寓意一毛不拔，第二宝是貔貅只吃不拉，故去赌场的人十赌九输。

财　神

在中国人的传统民俗观念中，认为财神是掌管财富的神仙；倘若得到他的保佑眷顾，便肯定可以财源广进，家肥屋阔。

民间流传的财神有很多，但大致可分为文财神和武财神两种：

第一文财神，文财神有两个，一是财帛星君，另一个则是福禄寿三星。财帛星君是一个锦衣玉带，左手捧着元宝，右手拿着"招财进宝"卷轴，外形富态的一个长须长者。相传他是天上的太白星，职衔是"都天致富财帛星君"，专管天下的金银财帛。福禄寿三星中，本来只

有"禄星"才是财神，但因为三通常是三位一体，因此福寿二星也因而被人一起视为财神供奉了。

第二武财神，武财神也有两个，一个是关羽、另一个是赵公明。关羽是三国名将，形象威武，他不但忠勇感人，而且能招财进宝，护财避邪。我们龙门三清境的这尊财神，就是另一个武财神赵公明，赵公明是一位威风凛凛的猛将，民间相传他能够降妖伏魔，而且又可以招财利市，所以北方很多商户均喜欢把他供奉在店铺中，而在南方的商户则大多供奉关公。

财神的供奉也是有讲究的，担任文职的，以及受雇打工的人均益摆放或供奉文财神；至于那些经商做老板，以及当兵当差从事武职的人，则应该摆放或供奉武财神。

🌸 祝寿祝福类

这是人们表现良好愿望的内心祈盼。以实物的象征性和纪念性来做永恒的表现，用祝贺、祝捷、祝颂的方式，寄托吉祥美好的心愿。如《福寿双全》构图为桃子、蝙蝠、古钱，以其谐音表现有福有寿，十分全美，是理想化的祝愿。人生若能福寿双全，应该是很满足的了。《松鹤延年》构图为松树和仙鹤。松树常青不衰，经得起考验，仙鹤声高清脆，千年变苍，两者搭配，气

色鲜明，象征着志节清高，延年益寿，心态平和，虽老如春。《五福捧寿》构图为五只蝙蝠围着一个大桃子。桃子是长寿，蝙蝠的谐音是福。五福指健康、富贵、善德、平和、长寿，寓意为福寿共运，是美好的祝福。《寿山福海》构图为海水、山岩、飞来的蝙蝠。山意为高山，象征高寿；福的谐音是福，象征大运；海水象征没有边际。福山寿海，是人们常说的福如东海、寿比南山的形象写照。也是人们的美好祝福。《福寿如意》构图为灵芝、仙桃、蝙蝠。灵芝是长生的仙草，寓意为如

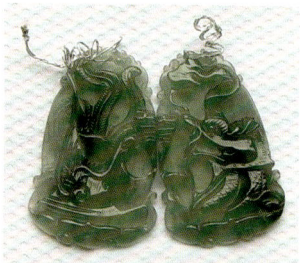

意，象征吉祥。以谐音和寓意相联，表明人们希望幸福长寿、人生如意。对小孩和老人都是有福有寿的情感祝愿。

🌸 吉祥如意类

如意是道教宫观和斋醮科仪坛场常用的法器之一，大约自南北朝时开始。当是

如人之意的意思，原是中国古代的一种生活用品。道门中人或有以如意之形比照汉字"心"字，称"如意，心之表也"，如意之造型有三点，首尾两点作云形，或灵芝形。中央一点作圆形，取三位一体之义，即一心尊三宝也。

故道教宫观神灵造象中有天尊手捧如意象。斋醮科仪中高功法师代天说教时，也手执如意。如意如意，如人之意，翡翠雕刻中最常见的图案，佩带者事事如意，心想事成。

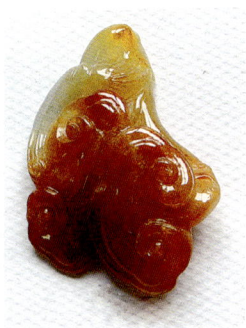

　　如意是称心如意、符合心意的意思。图案多为灵芝或云纹形状，以象征取意，是我国人民喜爱的吉祥器物。如玉雕中的《平安如意》，构图为空瓶、鹌鹑、灵芝。《必定如意》构图为毛笔、银锭、灵芝。《吉祥如意》构图为大象和灵芝。《和合如意》构图为和合二童子及灵芝。《事事如意》构图为柿子和灵芝。柿的谐音为事，灵芝是如意，合起来就是事事如意，古人认为柿子有七德：一寿，意在延长而不衰；二为凉，指柿树枝叶多可乘凉；三无鸟巢，指鸟不在柿树上做窝，干净清爽；四少虫，指不生虫而少侵扰；五叶红，秋霜染了红柿叶，十分美丽；六果实累累，柿子结果较多，丰收

景象浓厚；七落叶不缩，柿树落叶肥大，精气不枯。柿子的七德，有雅有俗，吉祥如意，寓意诸事都能和顺。《双鱼大吉》构图为橘子合双鱼。橘音吉也，双鱼为吉。寓意好事成双，绰绰有余（鱼），大吉大利。《连年有余》构图莲子荷叶及水中游鱼。莲谐意为"连"或"年"；鱼为余，意为生活富足，年年有余。又寓意家道昌盛，子孙绵延，本固枝荣，吉祥如意。

生肖属相类

十二生肖是我国古代用生肖代表十二地支的图像，配以十天干（甲、乙、丙、丁、戊、己、庚、辛、壬、癸）记录年月日时。周而复始，延续不断。流传至今已经有数千年了。在传统的花牌中常见有《子辰佩》和《龙凤佩》，以个体出现的十二生肖更是比比皆是，一直贯穿在整个历代的文玩之中，这是我国独有的生辰名目，寓意着永保长久。凡是中国人都有自己的属相，对属相的运用几乎无所不在。最引人注目的则是婚姻和爱情，其次是贫富和前程。古人和现代的易学家们认为，属相与属相是相生相克的，所以选择翡翠生肖挂件或玩

件时，就要有所顾忌了。当然，信不信是个人的决断，灵不灵则是要验证的。按笔者的看法，只要生肖的种水、颜色、做工都好，价格又适中，就可以买下，因为买的是珍贵的翡翠，是难得的艺术品。凡是相信命运的人，近代最有前程的属相是龙、蛇、马，只要有龙马精神，就能有大作为。男婚女嫁讲究属相，这似乎有些迂腐，但仍有许多父母和年轻人仍然选择相生而不愿选择相克的属相。古往今来，因此演绎了无数的悲剧和喜剧。

鼠：机巧乐观，配有金钱图案，为金钱鼠，象征富贵发财的属鼠人。

牛：勤劳致富，购股票有牛市的寓意，参与的人能赚钱。

虎：威武勇猛，显示一种猛虎下山之实力。

兔：温雅美丽，温柔乖巧。

龙：祥瑞的化身，与凤一起寓意成双成对或龙凤呈

祥。佩带龙坠象征顺风得利，为人上之人也。

蛇：代表小龙，佩带能顺风得利，有君子之德。

马：寓意有马上发财，马到功成，马上封侯，马上平安。

羊：因羊与祥、阳谐音，寓意吉祥、三羊开泰、喜洋洋等吉运之兆。

猴：猴王孙悟空，乃是千岁爷，佩带有猴的玉坠，寓意千岁爷随身保护，健康长寿。聪明伶俐，也是封侯

（猴）做官之意。

鸡：因鸡与吉谐音，寓意大吉大利；翠雕锦鸡，即寓意锦绣前程之意。

狗：做事敏捷、忠诚、有吉祥狗、富贵狗、欢喜狗的说法。

猪：寓意步步高升，金榜题名；因古代写金榜题名要用红朱（猪）笔写，而蹄与题谐音。

下面引用张益民先生编配的《十二生肖歌》，供人们验证和选择。

十二生肖歌

鼠牛为伴，富贵共享；猴鼠相聚，创业不难；

鸡牛有约，四海名扬；蛇牛结合，事业兴旺；

虎狗相配，伟业共创；虎相马配，幸福安康；

猪兔相配，大富大贵；兔羊结合，得意洋洋；

龙飞凤舞，大业天成；龙相猴配，权贵相当；

鸡蛇相加，富贵人家；龙与鼠会，功业可伟；

猪狗相亲，财气相随；猪羊相配，富贵相伴；

龙狗相处，权财能聚；狗兔相亲，白头相敬。

君不知：

鼠相最忌马兔羊，龙猴牛配方相当；

翡翠佩戴

虎惧猴蛇，犬马可欢；属相搭配有文章；

蛇配鸡牛，猴喜鼠龙；偏与猪虎隔山望；

马相最喜虎狗羊，生与鼠牛不为伴；

羊相可配兔马猪，见牛见狗总不欢；

牛喜鼠蛇和鸡伴，不堪马相和狗羊；

兔相最配猪羊狗，每逢鸡鼠发闷慌；

龙相平生最怕狗，却与鼠猴鸡为伴；

鸡常牛龙共蛇舞，唯与白兔成冤坊；

狗与虎兔猪有缘，凡见龙牛不高攀；

猪见兔龙猪便欢，憨厚难与蛇猴伴。

综合类

除上述六类图案的说法外，当然还有许多人文方面的美好内容，其构图巧妙和谐，寓意性、象征性、谐音性都很精美，人们不仅赞叹和享受了美玉的艺术魅力，同时也从其中获取了知识和真善美的启发。如《太平景象》构图为大象背上驮着大花瓶，是谐音，也是寓意着国泰民安、世界和平。再如《喜上眉梢》构图为梅花枝上立着两只喜鹊，以谐音寓意喜气洋洋，眉开眼笑。《天女散花》构图为一天女怀抱花篮，手抓花籽，寓意

翡翠佩戴

为草木青青，春满人间。《桃园结义》构图是三只桃子联在一起。并有树叶盖帽，十分抽象，但讲述的是三国时期，刘、关、张在桃园结拜为异姓兄弟的故事。

　　传统图案是前人一代代流传下来的精美画卷，意境深邃，构思巧妙，闪烁着人文思想的光辉。加之精湛的雕琢技艺，现代人依旧喜爱。这是我国玉石文化的延续，也是我国文明与和谐的美好象征。当代的玉雕技师们，在传统图案的基础上，有了不少的新创意，以现代题材表现时代环境和追求，但深度广度略显不足，正有待深入提炼，精益求精。再如现代款的许多新型设计，虽然简洁精炼，但受西方抽象艺术的影响，作品缺少大众的理解和认可，仍然处于发展和探索之中。

翡翠饰品赏析

翡翠饰品赏析

孔 雀

这是一块图案精美，造型别致的孔雀挂牌。制作者以抽象的表现手法，把雄鸟的长尾刻画得似云又似水，省去了翅膀、身段和脚爪，在静态中展现动感。作者用料大胆，技艺娴熟，刀工流畅有力。细微之处一丝不苟，头上的圆眼、弯啄和三杈羽冠，脖颈上的短毛，被雕琢得十分逼真。作品虚中有实，变化而统一，创意突出。

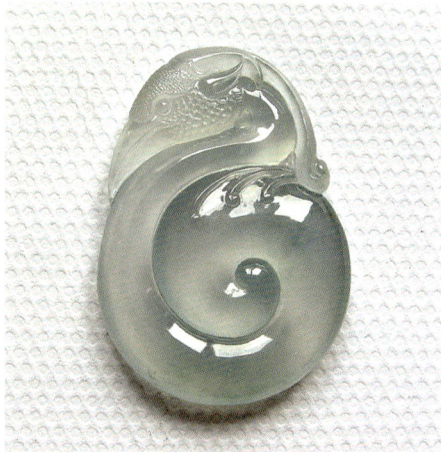

原石没有他色，但温润有加。作者巧用白色，让孔雀亭亭玉立，令人百看不厌，在艺术审美中获得温馨的

享受。

孔雀有九德：1. 颜貌端正；2. 声音清澈；3. 行步翔序；4. 知时而作；5. 饮食知节；6. 常念知足；7. 不分散；8. 不淫；9. 知反复。孔雀用来代表天下文明，有修养；也代表高官之意。

有时孔雀也可看为是绶带鸟：绶与寿谐音，表示长寿之意。

翠竹（竹报平安）

这是一块吊坠，也是一个把玩件。作品表现一段新鲜的竹子，以阴线勾勒出几道竹节和尖长的竹叶。微小的竹包和竹筒的纹理，显得自然真实。浓艳的翠绿色，扁平的形状，寓意着竹报平安。

翡翠佩戴

在现实生活中，竹子有很广泛的用途，可做器皿，可做建筑材料，可做竹简竹杯、可在竹上刻画和书写。竹笋可供人食用，其味美似山珍。历代的文人雅士对竹子十分欣赏，取其笔直不屈的形态，借以表达自身清高的气节。著名教授朱自清先生宁可饿死也不愿为五斗米折腰，其民族大义，正是"竹无一曲"的感人写照。

刻画竹子的作品比比皆是，大都写实写真，以此歌颂竹子的美感。而此作品，却没有太多的刻画，轻轻几笔，简洁明了，表现了竹子的内在精神，做人要虚怀大度，要有竹子的人文气质。

大凡喜爱竹子的人，大都性格坚强，言谈举止比较直接和公开，并有极其鲜明的立场。

观 音

这件作品质地上乘，玻璃底水盈润而飘满绿彩。其色翠如青竹，其形菩萨临世。

作品以高浮雕的表现技法，塑造出人们心目中崇拜的观音形象，古朴而清丽。佛像衣着舒展，背有宝光，脚踏莲台，一幅威仪祥和的神态。大士左手护着如意元宝，右手平过胸前，似是正要降福人间。

　　作品线条流畅，刀工细致。构图形式颇有节奏，静态中传递着无声的信息。挂件虽小，却显得珍贵难得。若有信仰的男性佩戴，必将福至心灵。

水 牛

　　这是一条圆雕水牛，淡绿色，石种细腻，水头充足。图案为水牛平仰牛头，两眼专注，似在听候主人的唆使，欲将起身却又依然卧地，慢慢倒嚼着胃里的反

刍。表现的是农耕之余，自然恬静、人畜惬意。

雕琢技师以平刀铲出牛的复背，再用尖刀精细造出身形，丝毫没有留下磨制的痕迹。看水牛饱满壮实，卷尾贴身，后肢微伸，牛角弯曲而对称，整个形象生动逼真，令人看而不厌，爱不释手。

制作者奇思妙想，让牛的前腿压着一枚大钱币，寓意着勤劳致富，有了钱才能有牛气。这是飞来之笔，虽然在意想之外，却也合情合理。

作品是摆件，也是玩件，同样是挂件。对属牛的人、敬牛的人、爱牛的人，都是一种美好的选择。

圆玉佩

这是一块单色玉佩，圆形，浅浮雕，图案的寓言为喜上眉梢。玉佩为传统体裁，表现吉祥美好，乐观向上。其意是祝愿，也是希望。

作品构图简洁，刀工有力，生动地刻画出一幅静中有动的山水画卷。画面是一棵老树，一朵梅花，一枝树梢上的鹊雀回首呼叫另一只飞来的伴侣。显示着空山鸟语梅花开的春色，令人浮想，令人陶醉。

作品的天头和地脚，雕琢有古老的螭纹，虽是一种抽象的渲染，却是预兆祥瑞的来临。左右两边刻有几道圈纹，象征相聚和团结，欢乐就要到来。玉佩的材质一般，略显水短气弱，但主体鲜明，构图典雅，风格清新，既可佩戴，又可玩赏，是一件好玉器。

领 花

这是用钻石和铂金镶嵌的翡翠领花。领花表现的绿色蝴蝶，大有飘然欲落的动态感觉，令人过目不忘，顿生喜悦之情。蝴蝶恋花是爱情的象征，美女是花，俊男是蝶。如果在晚宴上、舞池里，身着晚礼服的女佳人，高领上别着耀眼的蝴蝶领花，一脸春光，笑容绽放，自然引来人们的爱意和联想。

作品镶工到位，夸张适度，构图对称而均衡。领花虽小，却是绿白分明，相映生辉。

❧ 双　豚

这是一块浅淡的三色花牌，图案为双豚戏水，其形象活泼可爱，配境充满动感。母子两只瓶鼻海豚，相互亲近，浪花四溅，人们仿佛听到了海豚的呼叫和波涛汹涌的海潮之声。

海豚是哺乳动物，天性灵敏，是人类的朋友。人们要爱护所有的野生动物，与它们和谐相处，在同一地球上享受美好的生活。这就是作品所要表达的主题思想。

作品虽是一般材质，但具有翡翠的鲜明特色。作者正是巧妙地运用了绿、紫、白，这三个对应颜色，雕琢出了海水和浪花，海豚的面目和身姿。高浮雕使作品显得构图新颖，布局均衡，刀工刚柔兼顾，线条舒展自如。三色交融，使作品的气韵自然而有节奏。

以现代动物作题材，表现新的思想内容，是近些年玉雕界的一种尝试。人们在传说的基础上，尽力使自己的作品更加贴近生活，易于激发人们热爱自然的情趣，拓展现代意识的审美价值。

作品应是一块男性的饰用玉佩，适宜要求生活多姿多彩，向往自由而尽情欢乐的人佩戴。他们希望拥有大海，而不是一潭缺少涟漪的秋水。

玉米（包谷）

作品雕琢规整，物像逼真，有一种欢快清新的感觉。由此不难想到"春种一粒粟，秋收万颗子"的丰收景象。这是赞美农耕的辛勤劳作，祝愿风调雨顺、粮食充裕、人人安康。

作品选用了翡翠中常见的橙色，因材施艺，精雕细琢，把包谷刻画得惟妙惟肖。特别是一粒粒包谷籽，排列自然真实，饱满而湿润，似在飘溢着鲜嫩的气息，令人望眼欲尝。

作者用包谷寄托希望，以千粒万粒玉米，暗喻子子孙孙都能有吃有用。思想意义积极向上，朴实而又光华。这是一件把玩翡翠，适宜礼赠友人，同享太平盛世。

佛　手

这是一件没有图案的素身作品，整块雕琢只有半加工的感性形象，没有阴线和阳线，以自然纹理让人发挥联想。尽管也有过整理和抛光，但还是像一块坯料，有雏形而没有准确的形象。它究竟是什么呢？看其纯净不染，绿色遍布、有轮廓、有参差、有高矮。如此作品，应是：随意形佛手。

看到如此抽象的"佛手"，不由得使人想起了法国画家马塞尔·求多，把一个现成的尿斗，颠倒过来钉在木板上，题名为《泉》。并在1917年送去纽约的一个美术展会上公开展出，让不少观众感到茫然。

作为有色翡翠，有时不必加工也有很高的价值。许多加工不当的翡翠，被白白浪费，不如加工前有看头。

佛手，是一种常绿小乔木，果实鲜黄，芳香宜人。其形状很像一只半握着指头的人手，因此被人们摘来玩赏和供奉。这在玉雕件中屡见不鲜。佛手象征着有福之手，能够拿到人人心中有、人人手上无的东西。佛手的寓意是智慧和力量。佛手在现实生活中，可以引发人们依靠自己的双手，发财致富，达到成功的目的。

这只佛手的佩戴，适合任何人，任何场合，表现的是独特与别致，是有韵味的自然天成。

玉 佩

这是用一块翡翠制成的两件玉佩，同种、同色、同规格、同工。图案为一龙一凤，纹样仿古，水色交融，大有商周玉器的遗风。

人们通常饰用的龙凤雕件，大都把龙凤设计在同

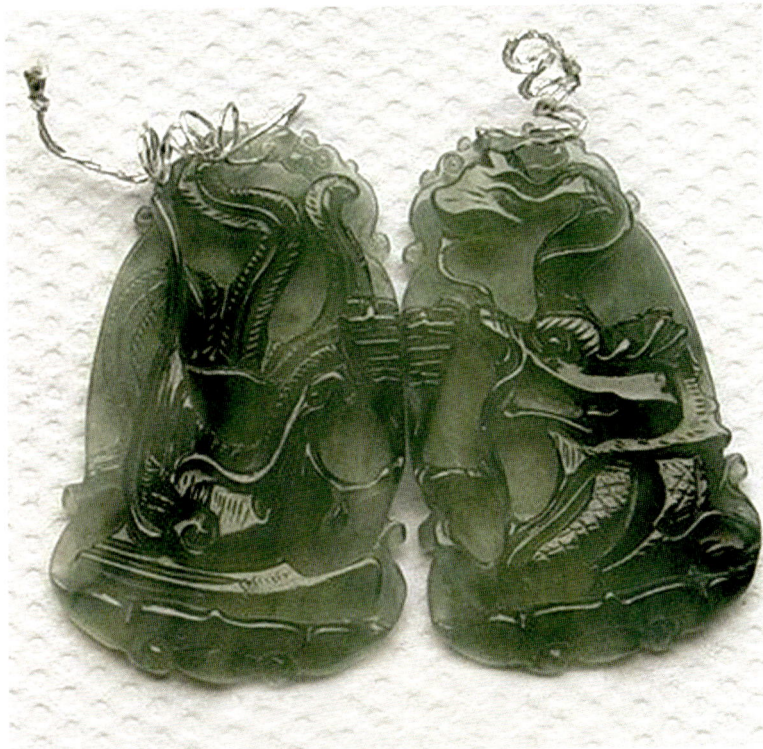

一个图案中，以不同的构图形式使龙凤得以交辉。如传统的《龙凤呈祥》、《龙祥凤瑞》等，几乎都是如此。而这两块挂件则是分开的，可以单独使用，又可合二为一。

古人佩戴龙牌，总是象征着权力，是祥瑞的代表。而饰用凤牌的人，则象征着高贵，是福寿的代表。现今的人佩戴这样成双的玉佩，是融合与团结，是情侣的信

物,是夫妻的凭证,
是不可分离的象征。

🌊 花 牌

这是底水飘花
的翡翠挂件。绿色淡
雅,形状厚实,图案
清晰,表达的寓意是
"三多九如"。"三
多指"的是福多、寿
多、子多。"九如"
指的是如意多多。

构图以葫芦的
谐音代表福,猴子是
兽,以兽的谐音代
表寿,以众多的石榴籽谐音代表子。一朵灵芝代表了如
意,希望十全十美。

作品做工精巧,操刀流畅,造型生动。整个图案以
葫芦为主体,连接起其它物象,形成了完整的多联体,
明白地表达主题思想,用形象表明对幸福的赞美和追
求,同时表现出人生的满足与和谐。

"三多九如"类的挂件，最适宜成年女性佩戴，她们几乎都具有怀旧的思想感情，性格逐渐变得保守和谨慎，办事越来越认真，眼光也将越来越高。

✿ 翡翠手镯

　　这是一只红绿相配，底水通透，琢工精湛，名符其实的翡翠手镯。此物完美无缺，夺人眼球，是不可多得的天然珍品。其翠，浓艳清澈；其翡，亮似朝阳。两色

色的协调搭配，形成了自然与人文的交融，流露着看得见、摸得着的和谐之美。

前人饰用此类手镯十分讲究，将其誉为龙凤圈，认为翡是龙，翠是凤，佩戴龙凤就是吉祥尊贵，就能高人一等，龙子凤孙必能成大器。

一般人佩戴这类手镯，讲究的是珍惜。她们只在欢乐的时候，为增添美感，才用来装饰一下自己，更多的不惜代价地进行收藏保护，增值与否并不在意。他们要将手镯一代代传世下去，不能因为没有而让子孙们望宝兴叹。

圭形坠

作品是扁长形吊坠，上窄下宽，坠眼旁边刻有鸟形纹样。下部尽素，绿白分明，翠色耀眼。作品没有裂疵，工艺制作比较完整。如此长坠，所见不多，其形制模仿了新石器时期的琬圭。

圭由石斧演化而来。石斧是武器，圭则是礼器。古人崇拜石圭，因为它代表权力，是威望的象征。大凡当官或求取仕途的人，比较适宜佩戴圭形坠，时时不忘方向和目标。最适宜威望极高的人，他们以此增强信心和决心，率领群体奋发向上。

这是用白色翡翠圆珠镶嵌的十字架，是基督教人士佩戴的一种"圣器"。近些年比较多常见。

作品以铂金作为依托，包扎规整，工艺精细，款形浑厚，风格庄重。

白色翡翠做圆珠，有珍珠、白宝石、月光石的某些特征，给人素雅圣洁的视觉感受。如若白色翡翠在成分和结构间不能产生莹光效应，纵有玻璃光泽也会显得平淡无奇，因缺少凝重生辉的高洁魅力，自然就不会被人们有所青睐。

耳坠(环)

这副翡翠三联环耳坠，乍看粗中有细，但十分精美。这类耳环，最适合体胖鼻短的女性佩戴，也适合脸形娇好但身材一般的女性佩戴。这不仅让别人较多地注意到脸的美丽，同时又能弥补胖与短的不足。

这对有挂钩的耳环，用了三个颜色的翡翠制作，与旧饰三个相同相等的联环有很大的区别。第一道大环，使用圆框圆条造型，颜色黄绿翠；第二道中环，圆框圆条，直径只有一半，颜色红黄；第三道上环，圆框扁条，直径更小，颜色蓝绿翠。三道环相扣相联，用的是同一块石料上的三种颜色，其雕琢的难度很大，工艺又复杂，能雕得如此精良，不是能工巧匠是绝对做不到的。

铂金镶嵌在整体结构中，比例不大，但起到了穿耳和衬托三个颜色的作用，三个大小联环组成了一个整体。这对耳环虽无钻石搭配，但显得自然真实，其美感尤为动人。

灵 芝

这块挂牌做工讲究，通体橙红，画面圆润精美。灵芝在传统题材中，屡见不鲜，大多配以相联的纹样，借以表达多样性的思想内容。而这块灵芝，则以单纯和夸张的形式来表达如意的主题思想，让人一目了然。

制作者用阴阳线条，刻画出灵芝饱满的盖头，舒卷的两边和浑圆的长柄，虽是浅浮雕，却有着强烈的主体韵味。作品显示了制作功力的深厚。

灵芝属蕈类中的一种，因生长不易，稀少难得，故被人们用来象征祥瑞和美好。在许多艺术作品中，如意代表着愿望、向往、祈祷和祝福。在世间做人做事，有谁不希望遂心遂愿呢？如意通达而积极的思想，是人人皆知的。

花 牌

这是一块构图得当的翡翠花牌。制作者充分利用了

绿色的自然形状，顺势雕琢成一朵长柄灵芝，花柄的末端琢出许多圆形水果，象征着柿子。其寓意就是事事如意。灵芝是如意，柿子的谐音是事。

作品主题鲜明，含义美好，希望人人都能称心如意。技师雕工熟练，作品线条流畅，主次分明。尽管只是平面浮雕，但突出灵芝盖头，增强了视觉上的立体感。这是匠心巧运，因材施艺的优秀佳作。

✿ 花牌

这是一块三色翡翠花牌，图案为葡萄引松鼠。以葡萄丰收，寓意人丁兴旺。

此牌雕琢工艺一般，但意境和构思有一定的戏剧性。秋收的季节里，葡萄树上果实累累，金黄的落叶散铺在地，三只白色小松鼠悄悄爬到树枝上，欲想偷吃水晶葡萄，正在嗤鼻嗅着清香的气息。如此有情趣的时刻，缀满枝头的葡萄不只惹人眼目，也招来了不速之客。葡萄一串串，人们由此联想到子孙延绵，人气旺盛，更是喜庆有余。

这件花牌，色彩运用得当，对比生动活泼，田园风光纯朴自然，给人恬静优美的清新感觉。可做饰用，可做摆件，也可把玩。

玉璧

这是一块素身平面璧，半滚圆边，形制规范，孔眼中正，厚薄均等，尺寸对比得当。材质优良，底水温润，绿色鲜艳，做工优美，不失为上乘佳品。

现代人很少再有以璧祭天的现象了，多以收藏和饰用。如项坠、胸花、手链、耳环、戒指等。自古以璧祭天，因为天是主宰一切的象征，所以玉璧十分大气。选

择饰用玉璧的人，理应高雅和尊贵，特别是男人。如政要、富豪、首领和有威望的人，都适宜饰用，若佩戴得当，其人格形象就非比一般。

璧的种类很多，除基本的平面璧和鼓面璧外，还有鸟纹璧、云纹璧、穀纹璧、龙纹璧、龙凤璧、双纹璧、三层璧等等。

璧在我国历朝历代都有制作，无论旧饰或时饰中早已司空见惯，因为璧是很重要的玉器。璧是从我国新石器时期的圆形斧演化而来，它是狩猎和生产用的工具，随后演变成扁圆而中有小孔的玉璧。古人认为天是圆的，故而以璧祭天，祈求上天保佑，同时又感怀和纪念璧对人类所作的贡献。如果没有璧，当时的人们是很难生活的。

古往今来，璧的流传和发展，几乎少有变化，与同时期的圆形环、瑗一样，变化是很微小的。如果说受璧、环、瑗变异影响最大的，恐怕莫过于各类手镯了。

❀ 葫 芦

这是一款葫芦挂件，素身镶嵌，无钻石圆边，上腰有细小的抓钉，顶端以"b"字形铂金扣作联结。其感觉是造型饱满大方，主石突出，绿色诱人。

葫芦的谐音是福禄。福禄的意思是当官得丰厚的供俸，享受幸福的生活。这是多么美好的祝愿，也是许多人的梦寐以求。故而一直被人们不断地进行颂扬。若再加上长寿，那就是福禄寿。福禄寿是人生的终极目标，实现并非易事。

这件作品，制作单一，镶嵌简洁，石种和底水都比较上乘，加之略有莹光，显得温润而明亮。若嫌不足，是绿色淡而不翠。

葫芦类的首饰或挂件，多为寿礼相赠，当然也适合中老年人佩戴，由此得到的宽慰心情，会使人更加健康。

❀ 花 牌

这是一块二色花牌，底为深橙色，面呈淡褐色，材质很一般，透度弱，反差强。就是这样一块极不起眼的低档翡翠，制作者发挥了想象力，用浮雕技法把灵芝、子鼠、元宝和古钱币布置在同一画面中，构成有内容的意境。制作者以元宝和古钱币象征富贵，取子鼠的子，灵芝是如意，寓意如意贵子的美好祝愿。用具体形象点明了生育的希望和向往。

制作者因材施艺，把橙褐二色作了鲜明的对比，衬托出图像的明朗与完整。使花牌具有了一定的观赏和饰用价值。正所谓"玉不琢不成器"。看来，只要充分认识了翡翠的自然表现力，再丑的原材料，都能派上大用场。

翡翠佩戴

❧挂 件

　　这是一块可把玩、可做摆设的深色挂件，因为透度和绿色都不明显，被人们称为墨翠。实际上，这是种好、水好的老翡翠，如果将它切割成薄片，水色就能一目了然。

　　作品是一只想象中的猛兽貔貅，它有着雄狮的头形、双耳，独角、圆眼、阔嘴，长脊和四腿。此时两只脚外露，两只伏于身下，正弯曲着身姿，后脚猛力蹬地，跃跃欲试，一副发力猛扑的架势。

　　貔貅是勇猛强悍的象征，既能招财进宝，又能驱祸辟邪。人们用它来寓意迅速发展的心理希望，向往财源

来得猛、来得快、来得多。

制作者以墨翠雕琢貔貅，色调很适合人们的文化心理。若用白色或淡色翡翠雕貔貅，将会适得其反，使感觉与联想显得平淡。

作品雕工有力，刀法娴熟，特别是镜面抛光，使作品显得润滑而顺达，增添了雕件的美感。

挂件

这是一块用墨翠制作的挂件。作品以张开双翅的雏鹰，正待离窝飞翔的情节，体现天高任鸟飞的英雄气概。鹰是肉食类飞禽，象征着勇猛和力量。

制作者用力刻画出雏鹰的圆眼睛、嫩嘴啄，头上无冠，身后无尾，丰满的翅膀，清晰的羽毛，脚爪蹬地这些细节，意在展现完美的雄鹰形象。加之在上层虚刻了另一只小雏鹰，表明这里是鹰巢，显

示着强者生存的自然现象。脚下的海浪和飞鱼，则是为雏鹰作的衬托和暗喻，同时起着增添画面美感的作用。

制作者雕工细腻，刀法有力，阴阳线条对比分明，雏鹰的形象完整而逼真。特别是利用抛光与磨砂的反差，使主体形象更加生动活泼。这是现代题材的玉雕，写实的表现形式，人们容易理解作者的创作意图。

戒　指

这是一枚钻石铂金镶嵌的男性翡翠戒指。盘形款式，典雅而庄重。蛋形翡翠戒面石硕大饱满，水绿翠色六分以上，磨工精细完美，是翡翠戒指中不可多得的珍品。

设计师以盘托翠的构思，来自"大珠小珠落玉盘"的美好诗句，意欲把翡翠的色美、形美、质美表现无遗。作品用小长方形钻石构成椭圆形盘，展示线条平整而开阔，连接之处天衣无缝，钻石与翡翠浑然一体，相

得益彰。

此类翡翠钻戒，是成功男性的专宠，戴在无名指上已是成家立业、功成名就、人生风流而辉煌。饰者以此戒指，自会获得自信、满足和欢乐。

❀ 胸 花

这是一件钻石铂金镶嵌的翡翠胸花。胸花主体是五颗椭圆形的蛋面翡翠，大小不等，种水上乘，绿色携翠。技师依据当时的流行款式，设计了一支随意形的桃花，用以赞美春色的美丽。现实中的桃花是粉红色的，但在首饰中往往用绿色或其他颜色做了替代，因翡翠以

绿为主、以绿为贵，是可以以绿代红的，表现的是意象，何须务求真实。

制作者选用了市场认可的老款模板，有意保留传统

工艺，让人们容易理解和饰用。此件虽不新颖，却是包扎认真，造型完整，枝叶分明，大方而朴实，饰者能挂能戴。主要亮点是主石突出，翠色十分悦目。此类翡翠胸花，比较适宜穿晚礼服的人饰用，若是身着青色旗袍或白色套装的女性，佩戴着定能显得贴切而春意盎然。

挂件

这是一块高浮雕的翡翠花牌，图只有一只水中的蟾蜍。蟾蜍与青蛙不同之处，蟾皮上凸凹不平，有许多疙瘩，而青蛙则使皮肤光滑、有颜色、有斑纹。

这块花牌雕琢比较单一，只是突出表现了背上的小疙瘩，其余肢休被轻轻带过。特别是头部，更是模糊不清，如果不看其背，很难知道它是何物，它在做什么。也许，因材料不足，制作者也就无能为力了。

蟾蜍是人类的朋友。人们赞美它是热爱自然的表现。我国的古人认为蟾是月宫里的主人，代表着月亮。月亮能使人思乡忆亲，有着浓厚的世间感情，是希望的象征。蟾蜍形丑，意不丑，既是月宫就应该是美好的。

🌸 春 蚕

作品表现早春时节，阳光明亮，桑树上的水珠还未融化，几只春蚕已在叶层中间作茧或进食。桑叶肥嫩，翠色欲滴。宁静清新的氛围，象征着国泰民安、人民丰衣足食的太平景象。

作者充分利用翡翠的绿白两色，以简练的刀工，

虚实并举，刻划出春蚕和桑叶的美丽图像。并采用绘画技巧，春蚕写实，桑树写意，使作品主题突出，形象生动，颜色鲜明。细看春蚕，大小两条皮色光亮，身形饱满，已是即将吐丝的成虫，另一只作茧自缚，人们已经看不见它了。一大片绿色的桑叶，作者没有细刻，只以几颗水珠作为陪衬，使桑叶显得格外茂盛，水色交融。

作者因材施艺，把一块有脏点邪色的翡翠，雕琢成如此精美的作品，不难看出作者的功力和用心。作品虽残留着一些弃粗存精的痕迹，但显得真实自然，起到了突出主体的作用。如果把这些痕迹全都磨去，绿色也就所剩无几了。以桑蚕为题材的玉雕作品，自古有之，大都以写意为主要表现形式，细节刻划多带象征性。而这件作品对蚕身的刻划，比较真实细腻，线条生动，立体感强，写实风格明显，具有较高的观赏价值。是一件难得的珍贵摆件。

🌊 腰 扣

这是 件仿古款式的腰扣，具有较高的实用价值和审美价值。通体颜色赤黄，其形状近似汉代的剑铋。图案的主体为龙形，游动的身段，动态十足，大有汉代龙虎难辨的古典韵味。

虎，早在地球上存在了亿万年。古时的虎与今天人们见到的虎，没有太大的区别。古人崇拜虎，将虎作为图腾，神化了虎的威猛强悍。古代工匠在雕琢过程中，为了与龙有所区分，虎首大似猫头，面呈圆形，无角而有双耳，其它如抬头，挺胸，阔步，四肢有爪，体态都为"S"形。而龙则是头上有角，有长须，长脸，吐舌。

古往今来有虎的配饰中，虎的造型大多为平面扁体形状，体积一般不太大，而立体的虎有大有小，大多雕琢成圆雕摆件。

这件作品，作者以尖刀刻划虎的饱满，线条婉转有力，细腻的棱角柔和光滑。面上双眼，头上双耳，四肢有力，几朵云纹衬托突出虎的威势与气派。加之翡翠质感的温润剔透，作品的玲珑之处就显得非同一般了。若在古时，只有富豪和贵族方能得以饰用，它象征着人的地位、身份和权势，一般百姓则是望尘莫及，而今天却是人人都可佩戴的美饰了。

翡翠佩戴

🌸 寄居蟹

　　这是一件以三彩取胜的好挂件，尽管透度一般，但构图巧妙，雕工精湛，充分表现着翡翠材质优良的美感。

　　作品刻划了一只小螃蟹，为防避被天敌猎食，藏身在空旷的螺壳内，过着寄居生活。分明它在躲避被别人吃掉，自己却又在等待掠食别人，如此这般，展现出水世界的自然奇趣。作者深通翡翠材质的表现力，利用其自然颜色，在原石的皮壳上雕出寄生的浮藻和小虫，作

为螃蟹的陪衬，象征着生物的多样性和丰富性。以原石皮下的暗雾，表现螺壳干而厚实的内层，把原石最好的肉头雕成螃蟹，使主体得到充分表现。再用掏坛手法，把螃蟹雕得具有立体感和动感。蟹身的细部刻划逼真而生动，翠绿的颜色鲜艳夺目。背壳饱满，小眼顾盼，嘴巴紧闭，两只大铁夹收在胸前，没有横行霸道的凶相，伪装得乖巧而憨厚。它蹲在螺口边沿，可伸可缩，若有微小猎物经过，它将大显神威，决不放过任何送上门来的免费午餐。

值得一提的是作品的抛光，以创造性的力度，把作品该抛亮的部位都抛得雪亮，增强了色彩的美感，突出了作品的写实风格，提高了作品的观赏性和饰用价值。

《龙凤佩》〔王俊懿作品〕

玉佩刻画了一幅龙凤相配的古典图案，材质为绿白分明的两色翡翠，造型典雅华贵，风格清新脱俗，质地秀丽，光泽温润，完美而统一。

作品是镂空的双面透雕。左龙右凤均为白色，中间一只如意贯穿首尾，绿色翠如滴水，大有飞流直下的诗情画意。这是俏色运用的典范，也是作者丰富的联想。作品纹样古老，"S"形的身段充满动感。作者操刀稳

健，线条舒展大方，构图对称而均衡，既有继承又有创新，处处表现着娴熟的技艺和功力。作品以龙凤相联，表达美好的爱情，同时表达了新生命的诞生。白色象征着爱情的纯洁，绿色象征着生命，水是生命之源，生命又是爱情的结晶。环环相扣，充满寓意，充满艺术韵味，令人赞叹不已。

葫 芦

　　葫芦是一种宝物，古代葫芦是用来装药的，传说从葫芦里倒出来的药能医百病，使人健康长寿。有时葫芦上面有一只松鼠或其它动物。"葫芦"意为"福"和"禄"；动物为兽，意指"寿"。表示福、禄、寿全之意。在翡翠饰品中，常将透明的料子雕成葫芦，体现出大光面的温润之感。

翡翠佩戴